Kathrin Sohst

30 Minuten

Hochsensibilität im Beruf

Bibliografische Information der Deutschen Nationalbibliothek

Die Deutsche Nationalbibliothek verzeichnet diese Publikation in der Deutschen Nationalbibliografie; detaillierte bibliografische Daten sind im Internet über http://dnb.d-nb.de abrufbar.

Umschlaggestaltung: die imprimatur, Hainburg
Umschlagkonzept: Martin Zech Design, Bremen
Lektorat: Eva Gößwein, Berlin
Autorenfoto: Das Lichtbild Studio, Wohltorf
Satz: Zerosoft, Timisoara (Rumänien)
Druck und Verarbeitung: Salzland Druck, Staßfurt

© 2017 GABAL Verlag GmbH, Offenbach

Hinweis:
Das Buch ist sorgfältig erarbeitet worden. Dennoch erfolgen alle Angaben ohne Gewähr. Weder Autorin noch Verlag können für eventuelle Nachteile oder Schäden, die aus den im Buch gemachten Hinweisen resultieren, eine Haftung übernehmen.

Printed in Germany

ISBN 978-3-86936-810-8

In 30 Minuten wissen Sie mehr!

Dieses Buch ist so konzipiert, dass Sie in kurzer Zeit prägnante und fundierte Informationen aufnehmen können. Mithilfe eines Leitsystems werden Sie durch das Buch geführt. Es erlaubt Ihnen, innerhalb Ihres persönlichen Zeitkontingents (von 10 bis 30 Minuten) das Wesentliche zu erfassen.

Kurze Lesezeit

In 30 Minuten können Sie das ganze Buch lesen. Wenn Sie weniger Zeit haben, lesen Sie gezielt nur die Stellen, die für Sie wichtige Informationen beinhalten.

- Alle wichtigen Informationen sind blau gedruckt.

- Schlüsselfragen mit Seitenverweisen zu Beginn eines jeden Kapitels erlauben eine schnelle Orientierung: Sie blättern direkt auf die Seite, die Ihre Wissenslücke schließt.

- *Zahlreiche Zusammenfassungen innerhalb der Kapitel erlauben das schnelle Querlesen.*

- Ein Fast Reader am Ende des Buches fasst alle wichtigen Aspekte zusammen.

- Ein Register erleichtert das Nachschlagen.

Inhalt

Vorwort

Dieses Buch gibt einen kurzen und intensiven Einblick in das Thema Hochsensibilität in Arbeitswelt, Wirtschaft, Ausbildung und Beruf. Ob Sie als hochsensibler Mensch (HSM) studieren oder eine Ausbildung machen, angestellt, selbstständig oder freiberuflich arbeiten oder als Unternehmer, Führungskraft, Personalmanager, Kollege oder Kunde[*] mit HSM zu tun haben – die „Erkenntnis Hochsensibilität" und das Wissen über ein Temperament, das nach aktuellem Forschungsstand 15 bis 20 Prozent der Menschen von Natur aus mit auf den Weg bekommen haben, macht einen bewussten und für alle gewinnbringenden Umgang mit dieser „Ressource" möglich.

Hochsensibilität (Sensory Processing Sensitivity, kurz SPS) ist ein junges Forschungsfeld, das in der Praxis aktuell viele Blüten treibt – auch solche, die ich für wenig förderlich halte. Ich kann zustimmen, wenn es darum geht, Hochsensibilität als einen „besonderen" Wesenszug zu bezeichnen. Ein ausdrückliches Nein bekommt von mir die Ansicht, Hochsensible seien die besseren Menschen. Denn es geht nur gemeinsam. Jeder Mensch bringt Fähigkeiten und Stärken mit. Und nur, wenn wir diese zusammenbringen, werden wir nachhaltige Ergebnisse erzielen.

---

[*] Auf die Verwendung der weiblichen Form wurde verzichtet, um das Kurzformat inhaltlich optimal zu nutzen.

Dennoch ist eine Erkenntnis sehr wichtig: Es braucht in der oft rauen Arbeits- und Wirtschaftswelt wieder ein Gespür für den Wert von Sensibilität. Sensible Menschen dürfen den Wert ihres Temperaments genauso erkennen wie diejenigen, denen es leichter fällt, Reize auszublenden. Prof. Dr. Elaine N. Aron, Hochsensibilitätsforscherin der ersten Stunde, spricht davon, dass es – vereinfacht betrachtet – immer schon zum einen die „Krieger" und zum anderen die „Berater" gegeben hat. Wir brauchen sowohl den „Wachstumsgedanken" und die „Besser-schneller-höher-Kraft" als auch das Bewusstsein für Zyklen, Nachhaltigkeit, Achtsamkeit, Pausen, Grenzen, Qualität, Wertschätzung, Heilung und Gesundheit.

Aktuell setzen sich immer mehr Wissenschaftler und Praktiker stärkenorientiert mit dem Phänomen Hochsensibilität auseinander – eine gute Entwicklung, denn je mehr wir uns darüber klar werden, dass nicht alle Menschen unter den gleichen Arbeitsbedingungen gleiche Leistung bringen und dennoch jeder seine ureigenen Fähigkeiten als Stärke in die Gesellschaft einbringen kann, desto gesünder und nachhaltiger werden wir als Gemeinschaft in die Welt hineinwirken.

Ich wünsche Ihnen viel Freude beim Lesen und gewinnbringende Impulse für Ihr Leben, Ihre Arbeit und Ihre persönlichen Lebensziele.

Herzlichst
Ihre Kathrin Sohst

30 MINUTEN

1. Hochsensibilität

Ob in der Ausbildung, im Job oder im Privaten: Jeder macht die Erfahrung, dass seine Mitmenschen unterschiedlich sensibel auf Reize und Situationen reagieren. Das ist nicht nur eine Frage der Tagesform, sondern tatsächlich eine des natürlichen Temperaments, das ein Mensch mitbringt. Forschungsergebnisse weisen darauf hin, dass ca. 15 bis 20 Prozent der Menschen ein hochsensibles Wesen, also eine überdurchschnittlich hohe Wahrnehmungsfähigkeit und höhere Reizoffenheit haben. Die bisherigen wissenschaftlichen Erkenntnisse und weiterführenden Studien basieren auf den Forschungsergebnissen der Psychotherapeutin und Universitätsprofessorin Prof. Dr. Elaine N. Aron aus den USA. Sie gab dem psychologischen Konstrukt Hochsensibilität seinen Namen. 2016 hat Dr. Sandra Konrad an der Helmut-Schmidt-Universität, der Universität der Bundeswehr in Hamburg, als erste Psychologin in Deutschland zum Thema Hochsensibilität promoviert.

1.1 Hochsensibilität erkennen

Während viele Zeitgenossen über längere Zeit souverän eine Fülle an Reizen verarbeiten können, gibt es andere, die ihre Umwelt feiner, differenzierter und intensiver wahrnehmen, sich oft schon seit ihrer Kindheit irgendwie anders fühlen und für konzentrierte Arbeit eine ruhige Umgebung und Rückzugsräume brauchen.

In Deutschland hat sich für dieses Phänomen umgangssprachlich der Begriff „Hochsensibilität" durchgesetzt. Er ist abgeleitet von der wissenschaftlichen Bezeichnung „sensory processing sensitivity" (kurz: SPS; übersetzt: „sensorische Verarbeitungssensitivität") und dem Begriff „high sensitivity". Einige Fachleute sprechen auch von „Hochsensitivität" oder „Hypersensibilität". Oft werden hochsensible Menschen als HSM oder HSP (kurz für „highly sensitive person") bezeichnet. Ein paar Fakten:

- Hochsensibilität ist keine Krankheit, sondern ein Temperament bzw. Wesenszug.
- HSM haben eine hohe und differenzierte Wahrnehmungsfähigkeit.
- Ca. 15 bis 20 Prozent der Menschen sind hochsensibel.
- 70 Prozent der hochsensiblen Menschen gelten als introvertiert, 30 Prozent als extrovertiert.
- Frauen *und* Männer sind hochsensibel.
- Hochsensibilität gilt als erblicher Wesenszug.

Merkmale hochsensibler Menschen

Die Forschung beschreibt vier Hauptmerkmale von Hochsensibilität:

Verarbeitungstiefe	leichte Überreizung
emotionale Reaktivität + Empathie	starke Wahrnehmung der Sinne

Elaine N. Aron hat die Merkmale hochsensibler Menschen in ihrer DOES-Formel auf den Punkt gebracht:
1. Depth of processing – Verarbeitungstiefe
2. Easily Overstimulated – Leichte Überreizung
3. Emotionally reactive – Emotionale Reaktivität
4. Sensitivity to Subtle Stimuli – Sensitive Wahrnehmung von subtilen Reizen (Sinnessensibilität)

Damit Sie ein paar Beispiele an der Hand haben, gehe ich im Folgenden genauer auf vier Ebenen ein, auf denen sich die Hochsensibilität bemerkbar machen kann.

1. Sensorische Ebene

Hier geht es um Sinneswahrnehmungen, ums Hören, Riechen, Schmecken, Sehen, Spüren und Tasten. Auch das Wärme-, Kälte- oder Schmerzempfinden, Druck oder Vibration zählen zu den sensorischen Wahrnehmungen. Während andere mit Bauarbeiten vor dem Bürogebäude oder dem Rattern von Maschinen über längere Zeit gut umgehen können, werden laute oder monotone Geräusche für HSM leichter zum Stressfaktor.

2. Emotionale Ebene

HSM erleben Emotionen intensiv und nehmen auch die Stimmungen und Bedürfnisse anderer Menschen stärker wahr – ob bewusst oder unbewusst. Die Herausforderung ist, die eigenen Emotionen von denen anderer Menschen zu trennen. Zugleich macht die hohe Empathie es möglich, wahrzunehmen, wie sich jemand fühlt, oder nachzuempfinden, aus welcher Perspektive er eine Situation betrachtet. HSM verstehen sich darauf, für Harmonie zu sorgen, und spüren, wenn es ihrem Gegenüber nicht gut geht. Sie können in Teams eine wertschätzende Atmosphäre schaffen, weil sie andere Menschen dort abholen können, wo sie sind.

3. Kognitive Ebene

Auf kognitiver Ebene spielen die differenzierte Wahrnehmung und die Verarbeitungstiefe eine Rolle. Erlebnisse und Informationen werden von hochsensiblen Menschen intensiver verarbeitet und reflektiert. Viele Hochsensible sind in der Lage, vernetzt und analytisch zu denken, logische Brüche zu erkennen und ganzheitliche Lösungen unter Einbeziehung vieler Aspekte zu finden.

4. Spirituelle Ebene

Auch wenn es in der westlichen Welt noch ungewohnt ist, in beruflichen Zusammenhängen über Spiritualität zu sprechen, möchte ich gerne auf die spirituelle Ebene eingehen. Es geht auf dieser Ebene um eine hohe Intuition der HSM, ihren ausgeprägten „sechsten Sinn" sowie die Wahrnehmung feinster Nuancen (z. B. Mikromimik). Nicht hochsensible Menschen sind schnell irritiert, wenn ihr hochsensibles Gegenüber Dinge anspricht, die nicht an die Oberfläche kommen sollten. Versucht z. B. jemand, etwas zu vertuschen, wird er bei einem HSM schlechte Karten haben. Denn der bekommt mit, wenn etwas nicht stimmt. Bei einigen HSM geht die Wahrnehmung so weit, dass sie Vorahnungen oder Zugang zu Wissen haben, das für andere nicht zugänglich ist. So wenig haltbar das aus wissenschaftlicher Sicht erscheinen mag, so sehr wissen wir doch auch, dass es im Laufe der Geschichte immer wieder Menschen gegeben hat, die eine große spirituelle Kraft besaßen.

Test: Wie sensibel bin ich?

In Sachen Tests für Hochsensibilität hat Diplom-Psychologin Dr. Sandra Konrad jüngst mit ihrer Doktorarbeit eine validierte HSP-Skala für Deutschland vorgelegt. Die Tests, die bisher in Büchern oder im Internet existieren, basieren überwiegend auf dem englischsprachigen Fragebogen von Prof. Dr. Elaine N. Aron aus den USA. Für mein Buch *Zart im Nehmen* habe ich auf Basis der bisher existierenden Fragebögen einige Fragen entwickelt, die sich weniger an den psychologischen Items, sondern mehr an meiner stärken- und ressourcenorientierten Sicht und meinen Gesprächen und Recherchen zum Thema orientieren. Die Aussagen weisen somit lediglich auf Aspekte der Hochsensibilität hin. Für dieses Buch habe ich Fragen ausgewählt, die mir im Zusammenhang mit dem Berufsleben als relevant erscheinen. Entscheiden Sie bitte spontan und intuitiv, ob Sie einer Aussage zustimmen können oder nicht.

Leistungsfähigkeit & Arbeitsumgebung

❑ Parfüms, Körpergerüche, klingelnde Telefone, das Rauschen der Computerlüftung, Zugluft, Hungergefühle und Co. stören meine Konzentration und stressen mich.

❑ Ich brauche mehr Pausen und Rückzugszeiten als andere.

❑ Arbeit in einem klassischen Großraumbüro kann ich mir nicht vorstellen bzw. ist für mich purer Stress und reduziert meine Leistungsfähigkeit.

❑ In einer ruhigen Arbeitsatmosphäre leiste ich gerne etwas und erarbeite qualitativ hochwertige Ergebnisse.

❑ Ich übernehme schnell Verantwortung und muss darauf achten, dass ich Aufgaben oder Anfragen nur annehme, wenn meine Ressourcen das zulassen.

Werte & Sinn

❑ Wertschätzung und ein Arbeitsumfeld, das meinen Werten entspricht, sind für mich sehr wichtig.

- ❏ Richtig wohl fühle ich mich bei der Arbeit nur, wenn sie Sinn stiftet und ich meine Stärken einsetzen kann/darf.
- ❏ Wenn Menschen nicht im Einklang mit meinen Werten handeln und/oder meine Erwartungen nicht erfüllen, muss ich darauf achten, nicht vorschnell über sie zu urteilen.
- ❏ Schon seit meiner Kindheit habe ich das Gefühl, irgendwie anders zu sein.
- ❏ Ich habe das starke innere Bedürfnis, meine Lebensaufgabe/Berufung zu finden, und wünsche mir, sie leben zu können, bzw. habe sie bereits gefunden und in mein Leben integriert.

Fähigkeiten & Herausforderungen
- ❏ Ich denke differenziert, vernetzt, lösungsorientiert und ganzheitlich.
- ❏ Ich nehme wahr, wie es anderen Menschen geht, und manchmal verschwimmt die Grenze zwischen meinen eigenen Gefühlen und den Stimmungen anderer.
- ❏ Andere schätzen an mir sowohl meine differenzierte Betrachtungsweise als auch meinen Blick für das Ganze.
- ❏ Oft nehme ich wahr, dass jemand etwas anderes sagt, als er denkt, was sich im weiteren Verlauf der Beziehung/Situation meist bestätigt.
- ❏ Ich habe eine ausgeprägte Intuition und ein gutes Gespür für Risiken, Fehler, Feinheiten, Trends und Entwicklungen.

Hochsensibilität – eine starke Erkenntnis

Je mehr Aussagen Sie angekreuzt haben, desto wahrscheinlicher ist es, dass Sie zu den 15 bis 20 Prozent der hochsensiblen Menschen gehören. Sie nehmen Reize und Informationen stärker wahr und verarbeiten diese intensiver als andere Menschen.

> **Tipp:** Nehmen Sie sich Zeit, um die folgenden Fragen für sich zu beantworten:
> * Worauf weist Sie Ihre hohe Sensibilität hin?
> * Was können Sie tun, damit Sie Ihre Sensibilität nicht als „Schwäche" empfinden bzw. erleben?
> * Wie können Sie Ihre Sensibilität als Stärke nutzen?

Einige HSM haben auf Anhieb ein starkes Aha-Erlebnis und finden sich mit ihren Eigenarten und Fähigkeiten sofort im Konzept Hochsensibilität wieder. Sie finden Antworten auf Fragen, die sie schon ihr Leben lang begleitet haben. Andere sind skeptischer, was durchaus nachvollziehbar ist, und brauchen Zeit, um die eigene Wahrnehmung zu reflektieren und von den Negativberichten über Hochsensibilität getrennt zu betrachten. Warum auch sollte sich jemand einem problembehafteten Thema nähern, der bisher gut mit seiner hohen Wahrnehmungsfähigkeit klargekommen ist, sie für seinen Beruf nutzt und sich nur ab und an die Frage stellt, warum die meisten Menschen irgendwie anders ticken?

Aufklärung eines hochsensiblen Irrtums

Hochsensibilität ist nicht in erster Linie ein Leiden, sondern eine von der Natur gegebene Fähigkeit, äußere und innere Reize intensiver wahrzunehmen und gründlicher zu verarbeiten. Die vielen Medienberichte über hochsensible Menschen, die aufgrund dauerhafter Überreizung und chronischen Stresses unter ihrer hohen Sensibilität massiv leiden, zeichnen kein vollständiges Bild. Nicht jeder HSM erlebt seine hohe Wahrnehmung als Last und schon gar nicht dauerhaft! Dennoch kann sie zum Klotz am Bein werden – vor allem wenn man bedenkt, dass Bildungssysteme, Wirtschaft, Politik und andere gesellschaftliche Systeme von der Masse geprägt sind. Und die ist nicht hochsensibel.

Patrice Wyrsch, Doktorand am Institut für Organisation und Personal der Universität Bern mit Forschungsschwerpunkt Hochsensibilität in der Arbeitswelt, beschrieb den größten Irrtum bezüglich Hochsensibilität in einem persönlichen Telefonat, das ich mit ihm geführt habe, so: *„Viele Menschen denken, dass die chronische Überstimulation, die entstehen kann, die Hochsensibilität ist. Doch die Hochsensibilität ist nicht gleichzusetzen mit Dauerstress und Leiden. Hochsensible, die dauerhaft überreizt sind, haben Stress, und das kann zu Krankheit und Leid führen – genauso wie bei durchschnittlich sensiblen Menschen auch. Aber kein hochsensibler Mensch ist grundsätzlich überstimuliert.“*

Ulrike Hensel beschreibt in ihrem Artikel „Starke Sensible" (*managerSeminare*, Juni 2016) gleich eine ganze

Kette von Missverständnissen: Es handelt sich bei HSM weder um „unnormale" Menschen noch um Mimosen. Sie brauchen keine Extrawurst, sondern einfach andere Bedingungen, die nicht nur für HSM besser sind, sondern für viele andere Menschen auch. Anzunehmen, dass alle HSM „gleich" wären, ist ein Trugschluss, und inzwischen ist Hochsensibilität zwar ein junges, aber ernst zu nehmendes Forschungsfeld und keine „Küchenpsychologie" mehr.

Lastenträger – Sinnsucher – Performer

Hochsensibilität ist eine angeborene, aber dennoch veränderliche Disposition. Erkenntnisse aus Forschung und Praxis zeigen, dass die Ausprägung sowie die Art des Umgangs mit dem hochsensiblen Temperament sehr unterschiedlich sein können und auch mit biografischen Details wie der Beziehung zu Eltern, Geschwistern, Freunden und anderen Bezugspersonen, dem Maß der Anerkennung für den sensiblen Wesenszug sowie einschneidenden Erlebnissen bzw. Traumata zu tun haben. Die Veranlagung bringt ein Mensch mit, aber wie er sich entwickelt und damit umgeht, kann sehr verschieden sein. Es gibt folglich nicht „den" Hochsensiblen. Auf der Suche nach einer modellhaften Typisierung sind mir drei verschiedene Arten von HSM aufgefallen: Lastenträger, Sinnsucher und Performer. Ich habe diese drei Begriffe gewählt, um zu verdeutlichen, wie unterschiedlich die Wege und Situationen von HSM sein können:

1. Die Lastenträger haben einen hohen Leidensdruck, viele haben mit ihrer Gesundheit zu kämpfen, zeigen aber oft mit einer ausgeprägten Lebenskraft einen starken Willen zur positiven Veränderung.
2. Die Sinnsucher leben ihr Potenzial bereits teilweise, sind aber auf der Suche nach Erklärungen bezüglich ihrer Art, die Welt wahrzunehmen, und nach ihrer Rolle in der Welt. Viele wechseln häufiger ihren Job oder sehnen sich nach neuen Perspektiven.
3. Die Performer haben ihren Platz in der beruflichen Welt gefunden und gehen entweder intuitiv oder bewusst konstruktiv mit ihren sensiblen Bedürfnissen um. Sie sorgen gut für sich und gestalten ihr Berufs- und Privatleben nachhaltig. HSM, die zum Typ „Performer" gehören, aber nichts von ihrer Hochsensibilität wissen, dürfte dennoch ab und an die Frage nach ihrer ungewöhnlichen Feinfühligkeit auf der Seele brennen.

Aus Lastenträgern können Performer werden und Performer können sich plötzlich durch einen Schicksalsschlag auf der Seite der Lastenträger wiederfinden und sich dann wieder auf die Suche nach dem „Sinn" des Daseins machen.

> **Tipp:** Damit Sie die hochsensible Wahrnehmung konstruktiv in Ihre Persönlichkeitsstruktur integrieren und in verschiedenen Lebensphasen bewusst damit umgehen können, möchte ich Ihnen zwei Hinweise mit auf den Weg geben:

1. Setzen Sie sich gut mit dem Phänomen Hochsensibilität auseinander, denn es handelt sich um eine Disposition, die in alle Lebensbereiche hineinwirkt.
2. Sorgen Sie zugleich aber auch dafür, dass Sie sich nicht ausschließlich über Ihren hochsensiblen Wesenszug definieren, denn es handelt sich lediglich um einen Teil Ihrer Persönlichkeit.

15 bis 20 Prozent der Menschen gelten als hochsensibel. Dabei handelt es sich nicht um eine Krankheit, sondern um ein angeborenes Temperament. Hochsensible Menschen haben sehr sensible Sinne, erleben ihre Emotionen intensiv, sind leichter überreizt und haben eine hohe Verarbeitungstiefe.

1.2 Belastungen im Arbeitsumfeld

Ganz gleich, ob in einem kleinen Raum zu viele Arbeitsplätze untergebracht sind, ob es sich um ein riesiges, lärmendes Großraumbüro handelt, ob der Arbeitsplatz in einer Produktionshalle bzw. umgeben von lauten technischen Geräten oder Maschinen ist oder ob das Homeoffice durch eine Großbaustelle vor der Tür oder Renovierungsarbeiten im Haus gerade zur Falle wird – Fakt ist: Außenreize lenken alle Menschen ab und belasten. Die einen weniger, die anderen mehr.

Das Großraumbüro gehört wohl zu den meistdiskutierten Varianten im Arbeitsumfeld von Menschen und ist

– wie Studien belegen – nicht nur für hochsensible Menschen eine gesundheitliche Belastung, sondern für alle, die dort arbeiten. Viele hochsensible Menschen machen die Erfahrung, dass es für sie gar nicht möglich ist, in einem Großraumbüro zu arbeiten, ohne stressbelastet zu sein. Für sie ist das Arbeiten in lauter, reizstarker Umgebung ohne Rückzugsräume und unter ständiger Beobachtung von anderen auf Dauer keine sinnvolle Option. Und zwar nicht, weil es ihnen an Bereitschaft fehlt, sich auf die Umgebung einzulassen, sondern weil es ihnen aufgrund ihrer natürlichen Veranlagung einfach nicht möglich ist. Selbst wenn sie es wollen, können sie ohne Rückzugsräume nicht nachhaltig, gesund und auf Dauer zeigen, was in ihnen steckt.

HSM und negativer Stress

Auch wenn ein Aufgabenfeld im Job Spaß macht, die Motivation stimmt, das Gehalt passt und der Wille da ist, sich für ein Unternehmen zu engagieren – HSM, die dauerhaft in einer reizstarken Umgebung ohne flexible Rückzugsmöglichkeiten arbeiten, erleben dies als hohe Belastung. Und das führt bei ihnen schneller zu Erschöpfung und dauerhafter Überreizung als bei anderen Menschen. Kommt dann noch die Forderung hinzu, mehr zu arbeiten, als die vertragliche Basis eigentlich vorsieht, schrumpft dadurch zudem noch die Zeit für Pausen, Reizverarbeitung und Regeneration. Wenn HSM sich durch zu viele Reize wiederholt in belastenden und überfordernden Situationen wiederfinden, in denen sie ihr Potenzial nicht abrufen können, und die Qualität ihrer Arbeitsergebnisse mehr und mehr leidet (was für die meisten HSM nur schwer zu ertragen ist), können über längere Zeit auch psychosomatische Folgeerscheinungen wie Verspannungen, Kopfschmerzen, Schlafstörungen, Depressionen oder Burn-out entstehen.

Belastungssituationen sind oft mit dem Gefühl verbunden, bestimmte Situationen oder sich selbst nicht unter Kontrolle zu haben, sich nicht entwickeln zu können, auf sich selbst gestellt zu sein und keine Hilfe erwarten zu können. Berücksichtigt man zusätzlich, dass viele HSM sich seit dem Kindesalter „anders" fühlen, lässt sich nachvollziehen, warum sie schnell den Eindruck haben, nicht richtig dazuzugehören bzw. nicht verstanden zu werden. Beides – sowohl der Kontrollverlust als auch das ständige Gefühl, nicht richtig „integriert" zu sein – fördert die Stressbelastung zusätzlich.

Beeinträchtigungen bei der Arbeit

Schon der Arbeitsweg kann eine Reizquelle sein, die hochsensible Menschen nicht unterschätzen sollten – ganz gleich, ob es der Weg ins Büro ist oder der „Weg" ins Homeoffice, bei dem der Blick auf all die unerledigten Dinge im Haushalt und im Privatleben fällt. Ein „Zu-viel-auf-einmal", Gespräche, Geräusche, Gerüche, Enge in öffentlichen Verkehrsmitteln und Verkehrslärm – all das kostet Kraft und Nerven. Angekommen am Arbeitsplatz, haben es immer mehr Menschen dann zu tun mit ...

- Zeitdruck, Kontrolle oder Kontrollverlust,
- Multitasking, Arbeitsverdichtung, Angst vor Fehlern,
- mangelnder Führung oder häufigen Führungswechseln,
- häufigen Störungen und Meetingkultur,
- Umstrukturierungen und Existenzängsten,
- Überstunden oder Schichtarbeit,
- starren Regeln und fehlenden Handlungsspielräumen,
- mangelnder Zeit für genaue Absprachen und
- einer Flut von E-Mails und Informationen.

Das sind Stressoren, die alle Menschen beeinträchtigen und HSM ganz besonders. Andere Störfaktoren liegen auf sensorischer, emotionaler und kognitiver Ebene:

Belastungen auf sensorischer Ebene
Um aufzuzeigen, wie sich die intensivere Wahrnehmung über die Sinne bei hochsensiblen Menschen bei der Arbeit auswirkt, habe ich die möglichen Beeinträchtigungen zusammengefasst:
- Geräusche: häufig klingelnde Telefone, Gespräche am Nachbartisch, Stimmengewirr, Radio, das Summen technischer Geräte, Klappern der Tastatur, Geräusche von Lichtquellen, Klimaanlage, Computerlüfter
- Lichtverhältnisse: zu grell, zu dunkel, unnatürliche Lichtquellen, sonnengeblendete Arbeitsplätze, das blaue Licht der Bildschirme

- **Gerüche:** Zigarettengeruch (auch wenn er nur in der Kleidung hängt), Essen, Parfüms, Schweiß, Abgase, Putzmittel, Möbel, Fußböden, Geruchsbelastungen durch Maschinen (Drucker und Co.)
- **Raumklima:** stickige Luft, Dauerdilemma „Frischluft oder Zugluft?", Temperatur
- **Ergonomie:** Sitzposition, unpassende Möbel
- **Bürogestaltung:** wenig Privatsphäre, keine Pflanzen und Bilder, „anstrengende" Farben/Muster

Diese Liste zeigt nicht nur die Herausforderungen, mit denen HSM in Bezug auf die Sinne konfrontiert sind, sondern auch die Stellschrauben, an denen Unternehmen, hochsensible Mitarbeiter und auch selbstständig arbeitende HSM drehen können, um ihre Arbeitsatmosphäre zu verbessern.

Belastungen auf sozio-emotionaler Ebene

„Das hat doch gar nichts mit dir zu tun" – ein Satz, den wohl jeder hochsensible Mensch schon einmal gehört hat. Wer intensiv fühlt, ein großes soziales Verständnis hat und in der Lage ist, die Menschen um sich herum und deren Bedürfnisse gut wahrzunehmen, geht möglicherweise davon aus, dass andere Menschen die gleichen Fähigkeiten besitzen und sich ähnlich verhalten müssten. Oft ergeben sich daraus Verletzungen und „Empfindsamkeitsmuster", die HSM erst einmal durchschauen und erkennen müssen, damit aus Empathie und der Fähigkeit, eigene Emotionen und die anderer intensiv wahrzunehmen, eine wahre Stärke werden kann.

Belastungen auf kognitiver Ebene

Hochsensible Menschen denken verknüpft, haben oft eine starke Werteorientierung und wünschen sich, dass Themen ganzheitlich, nachhaltig und menschenfreundlich betrachtet werden. Wertschätzung und ein harmonischer Umgang sind ihnen wichtig. Deshalb belasten sie oft Aspekte, die anderen Menschen nicht auffallen bzw. nicht bewusst sind:

- Gefühl der Sinnlosigkeit, wenn Regeln und Abläufe als nicht passend empfunden werden
- Loyalitätskonflikte, wenn Werte nach außen kommuniziert, aber nicht nach innen gelebt werden
- grundsätzliche Wertekonflikte in Bezug auf unstimmige Produkte, kritische Handlungen oder Fehler, die ein Unternehmen, Kunde, Partner begeht

Paart sich Hochsensibilität mit Viel- oder Hochbegabung, entsteht schnell zusätzlich zur sensorischen Überreizung und den sozio-emotionalen Herausforderungen eine Unterforderung im Job. Das ergibt eine schwierige Mischung, die zu Sinn- und Lebenskrisen führen kann, weil das vorhandene Potenzial sich nicht entfalten und nicht gelebt werden kann.

Belastungen, die sich schon auf durch
sensible Menschen negativ auswirk

trächtigen HSM stärker. Um konstruktiv mit dem Thema Hochsensibilität umgehen zu können, ist es wichtig, die sensorischen, emotionalen und kognitiven Herausforderungen von HSM im beruflichen Umfeld zu kennen.

1.3 Ressource Hochsensibilität

Jeder Mensch ist sensibel, und Sensibilität ist überlebenswichtig. Dennoch hat Sensibilität einen schlechten Ruf. Wohin das führt, ist in Zeiten von Burn-out und hohem Krankenstand offenbar geworden, und auch der Wunsch der jüngeren Generationen nach einem wirtschaftlichen Wertewandel kommt nicht von ungefähr. Bei einigen dauert es länger, bis die Reizschwelle erreicht ist und eine Stressreaktion eintritt, bei anderen geht es schneller. Belastbarkeit, aber auch Sensibilität scheinen von der Natur in unterschiedlichem Maße angelegt zu sein – genau wie andere Ressourcen auch. Und die wissen wir zu nutzen. Warum nicht auch die Ressource Hochsensibilität?

In meinem ersten Buch *Zart im Nehmen* habe ich das Wort „Ressource" überall, wo es sinnvoll war, durch Potenzial ersetzt, denn „Potenzial" war aus meiner Perspektive gesehen nicht so negativ besetzt wie das Wort „Ressource". Diese Sicht hat sich in den letzten Monaten verändert: Ressourcen sind wertvoll, und wir müssten uns nicht um sie sorgen, wenn wir bewusst mit ihnen umgingen. Genauso ist es mit der Hochsensibilität:

- Wir müssen zunächst erkennen, dass wir es mit einer wertvollen Ressource zu tun haben, bevor wir sie bewusst nutzen können. Im Falle der Hochsensibilität gilt das vor allem auch in beruflichen und wirtschaftlichen Zusammenhängen.
- Wenn wir eine Ressource nutzen wollen, ist es sinnvoll, sie kennenzulernen, sich mit ihr auseinanderzusetzen und sie zu studieren – schon allein deswegen, um sie optimal einsetzen zu können.
- Mit den persönlichen Ressourcen ist es genau wie mit denen, die uns sonst in der Natur zur Verfügung stehen: Wenn wir sie nicht bewusst und in Maßen nutzen, dann erschöpfen sie sich.

Daher gilt: HSM, die ihre spezifischen Herausforderungen, Stärken und Starkmacher nicht kennen, die eigenen Bedürfnisse missachten, unter Dauerstress leben und sich in einem unpassenden Umfeld aufhalten, werden ihre Hochsensibilität mit hoher Wahrscheinlichkeit nicht für sich und andere nutzen können und ihre persönlichen Ressourcen „verschwenden".

Hochsensible Ideen für die Wirtschaft

Diversität ist immer wieder ein Thema, wenn es darum geht, Teams gut aufzustellen. Ganz gleich, ob es um die Mischung von Männern und Frauen, nationalen und internationalen Mitarbeitern, körperlich unversehrten und körperlich eingeschränkten Menschen oder die Berücksichtigung unterschiedlicher Persönlichkeitsprofile bzw. die Nutzung der außergewöhnlichen Fähigkeiten von Höchstbegabten oder Autisten geht – alle bringen unterschiedliche Stärken mit. Und je mehr für das Ziel förderliche Begabungen in einem Team zusammenkommen, desto besser ist es für das Ergebnis. Vorausgesetzt, die Kommunikation stimmt und jeder im Team weiß, was der andere gut kann. Patrice Wyrsch bringt die Begabung hochsensibler Menschen – nämlich viele unterschiedliche Reize intensiv wahrzunehmen und zu verarbeiten – als Business Case in einer IT-Metapher auf den Punkt:

„Aufgrund einer erhöhten Wahrnehmungsfähigkeit generieren hochsensible Mitarbeitende fortwährend hochauflösende Daten von ihrer Außen- und Innenwelt. Allerdings werden diese hochauflösenden Daten in heutigen Unternehmen und Organisationen bisher nur unbewusst genutzt. Die bewusste und systematische Nutzung dieser Daten kann verschiedenste organisationale Chancen eröffnen, was einen wichtigen Aspekt der Sonnenseite der Hochsensibilität darstellt."

Wo Sonne ist, ist auch immer Schatten – und schon sind wir beim Thema Prävention. Wyrsch sagt weiter:

„Wenn hochauflösende Daten auf einen Computer übertragen werden, braucht dieser entsprechend länger für den Ladevorgang als beim Transfer normalauflösender Daten. Genauso sollten hochsensible Mitarbeitende (und deren Umfeld) größere Sorgfalt an den Tag legen, damit ihr ‚hochsensibler Rechner' nicht überhitzt."

Davon ausgehend, dass es unter Hochsensiblen viele Menschen gibt, die ihre hohe Wahrnehmung noch nicht positiv reflektieren konnten, und die meisten Unternehmen nicht um das Thema wissen, steckt ein bedeutsames Potenzial in der „Erkenntnis Hochsensibilität". Denn weil HSM im täglichen Leben mit so vielen Reizen umgehen (müssen), setzt jede Reizreduzierung massiv Energie frei, die vorher gedeckelt war. Höchste Zeit, dass Mitarbeiter und Unternehmen gemeinsam gute Voraussetzungen schaffen, damit aus Lastenträgern hoch motivierte Leistungsträger werden können.

15 bis 20 Prozent der Menschen gelten als hochsensibel. Die Merkmale sind: 1. Sinnessensibilität, 2. emotionale Intensität und hohe Empathie, 3. leichte Überreizung, 4. Verarbeitungstiefe und vernetztes Denken. HSM sind nicht alle gleich – weder in der Ausprägung ihrer Sensibilität noch im Umgang damit.

Richtig verstanden ist Hochsensibilität eine wertvolle Ressource – sowohl für HSM selbst, ihre berufliche Entwicklung und ihren Lebensweg als auch für die Gesellschaft. Denn die „Ressource Hochsensibilität" gibt Unternehmen und Führungskräften Impulse zu Diversität, zur Nutzung von Begabungen, zur Prävention und zur nachhaltigen Gestaltung von Arbeit.

30

30 MINUTEN

2. Hochsensible Potenziale

Hochsensible Menschen können in der Realität unserer Leistungsgesellschaft große Herausforderungen erleben und tragen gleichzeitig wertvolle Potenziale in sich. Auf der einen Seite stehen eine hohe Stressbelastung, Probleme mit dem Selbstwertgefühl oder die wiederkehrende Erfahrung, das eigene Potenzial nicht zu leben, weil das Vertrauen fehlt. Auf der anderen Seite bringen sie wertvolle Fähigkeiten mit, die ihr Sein und Wirken prägen, z. B. eine differenzierte Wahrnehmung, ein hohes soziales Verständnis und Empathie, ein starkes Qualitätsbewusstsein, Kreativität und ganzheitliches, vernetztes und lösungsorientiertes Denken. Mancher HSM mag sich wünschen, dass sich seine Hochsensibilität wegtrainieren oder ausschalten ließe, was nach aktuellem Wissensstand nicht möglich ist. Doch Sie können jeden Tag wählen, worauf Sie sich fokussieren wollen: Auf Ihre Herausforderungen? Oder auf Ihre Potenziale? Ganz gleich, wo Sie in Ihrem Leben stehen, Sie können mit dieser bewussten Fokussierung einen stärkenorientierten Prozess in Bewegung bringen – Schritt für Schritt.

2.1 Sensible Herausforderungen

Die „Erkenntnis Hochsensibilität" ist gerade für HSM, die mit den Herausforderungen ihrer hohen Wahrnehmungsfähigkeit zu kämpfen haben, ein Schlüssel für einen neuen Umgang mit ihrer Wahrnehmungsbegabung. Wenn sie verstehen, dass es sich einfach um eine biologische Andersartigkeit handelt, können sie aufhören, an ihrer Leistungsfähigkeit zu zweifeln, und anfangen, ihr Potenzial zu leben. Ein echter Neubeginn!

Um diese persönliche „Ressource" wertschätzen und für sich selbst und andere positiv nutzen zu können, braucht es zum einen das Bewusstsein dafür und zum anderen auch die Bereitschaft, sich mit den Tücken dieses „Rohstoffs" auseinanderzusetzen. Denn wenn wir die spezifischen Risiken nicht kennen, wissen wir auch nicht, wann wir sie eingehen. In meinen Beratungen und Coachings arbeite ich mit den Menschen nach einem 3-Stufen-Prinzip:

Herausforderungen	Stärken	Starkmacher

1. Machen Sie sich Ihre Herausforderungen bewusst, hören Sie auf, gegen sie zu kämpfen, und schließen Sie Frieden mit Ihren „schwachen" Seiten.
2. Lernen Sie Ihre Stärken kennen, fokussieren Sie sich auf Ihr Potenzial und nutzen Sie es für sich und andere.

3. Integrieren Sie Starkmacher in Ihren Alltag, die zwischendurch für Entspannung sorgen, damit Sie sich nachhaltig auf Ihre Stärken fokussieren können.

Wenn Sie bisher anders gelebt und gearbeitet haben, geben Sie sich Zeit, um diesen „Dreiklang" in Ihr Leben zu integrieren. Ihre Geduld wird sich auszahlen. Betrachten Sie diesen Weg als Prozess, Ihre Haltung zu ändern und Schritt für Schritt anders mit Schwächen und Stärken umzugehen. Was Sie dafür brauchen?

- Die Bereitschaft, andere Wege zu gehen als bisher und für sich und Ihre Bedürfnisse einzustehen.
- Eine dicke Portion Mut, auch die Tränen zu weinen, die nötig sind, um verkrustete alte Muster und Verletzungen wegzuspülen und Vergebung möglich zu machen – wenn erforderlich in Begleitung von Lieblingsmenschen, Coaches, Psychologen oder Therapeuten, die mit dem Thema Hochsensibilität vertraut sind und auch intensiv empfundenen Emotionen positiv und unverkrampft gegenüberstehen.
- Die Offenheit und innere Erlaubnis, dass es mehr Licht als Schatten geben darf und kann in Ihrem Privat- und Berufsleben. Auch wenn Sie zu denen gehören, die bisher öfter mal vergeblich das Licht am Ende des Tunnels gesucht haben.

Reize „ausblenden"

„Blende das doch einfach aus!" Tipps wie dieser klingen einfach. Sind sie aber nicht. Denn gerade das Ausblenden ist für HSM schwierig. Klar können HSM lernen, sich auch in reizstarken Umgebungen zu fokussieren. Dennoch ist „einfach ausblenden" keine Lösung für den bewussten Umgang mit der Ressource Hochsensibilität. Denn je mehr Reize vorhanden sind, desto mehr Energie brauchen wir, um uns zu konzentrieren. Darüber hinaus dringen die Reize trotz Fokussierung in unser „Reizsystem" ein und sorgen für Stress, der sich nur durch aktive Pausen wieder reduziert.

Wenn ich beispielsweise einen Vortrag halte, dann kann ich das auch in lauten Umgebungen – zum Beispiel auf Messen. Ich habe mir angewöhnt, vor Vorträgen eine Pause zu machen, damit ich mich währenddessen voll auf die Situation fokussieren kann. Liegt so ein Vortrag am Abend, bin ich oft so „voll" mit Reizen, dass ich danach trotz Müdigkeit nicht gleich schlafen gehe, sondern noch länger aufbleibe, um alles Erlebte zu verarbeiten.

Meine Methode ist also wie folgt:

1. Pause,
2. erfolgreiche Leistung durch Fokussierung auf die Sache (unter uns: Früher wäre es mir nicht möglich gewesen, einen Vortrag in einer lauten Umgebung zu halten),
3. Pause.

Diese Methode ist entstanden, weil ich mir meine Herausforderungen bewusst gemacht habe, meine Stärken kenne und bewusst Starkmacher – hier die Pausen – integriere.

Empathie versus Selbstwahrnehmung

Hochsensible Menschen nehmen so viele Reize aus ihrer Umwelt auf, dass es ihnen in diesem Gewusel von Informationen oft schwerfällt, sich selbst wahrzunehmen und ihre eigenen Bedürfnisse rechtzeitig zu erkennen. Für Sie als HSM ist es also wichtig, den inneren Beobachter zu schulen, damit Sie ...

- herausfinden können, was genau Sie stresst. Denn wenn Sie das wissen, können Sie etwas verändern.
- die Signale bemerken, die Ihnen Ihr Körper schickt, bevor Sie überreizt sind.
- sich bewusst machen, welche Gefühle und Emotionen bei Ihnen vor, während und nach einer überfordernden Situation auftauchen.
- auf Ihre Gedanken achten können, weil diese großen Einfluss auf Ihr Handeln und Erleben haben.

> **Mein Tipp für Ihre persönliche Veränderung:** Prüfen Sie Ihre Erwartungen, Glaubenssätze und Werte darauf, inwieweit sie Ihnen persönlich nützen oder schaden.

Hochsensible Entwicklungsfelder

Mit diesem Tipp sind wir schon direkt ins Thema „Entwicklungsfelder" eingetaucht. Entwicklungsfelder sind für mich Emotionen, Werte und andere Aspekte, die viele hochsensible Menschen herausfordern und an denen sie drehen können, um sich an ihren Stärken zu orientieren. Betroffen sind folgende Bereiche:

- Überreizung, Stress, Angst, Schuld und Scham

- Selbstzweifel und Verletzlichkeit
- hohe Ansprüche an die eigene Leistung, Hochstaplergefühl, Perfektionismus
- hohe Erwartungshaltung gegenüber dem Umfeld
- der energieraubende Drang, alles Erlebte interpretieren, einordnen und verstehen zu müssen
- Helfersyndrom und übersteigertes Verantwortungsbewusstsein
- Abgrenzung und Fokussierung
- Verantwortung für sich übernehmen, den eigenen Weg gehen, sich nicht mit anderen vergleichen
- Small Talk, Netzwerken und in Kontakt gehen
- Aussöhnung mit der „realen" Welt, auch wenn sie einem nicht gefällt
- reden statt Rückzug, offen sein für andere
- Lösungsvorschläge statt Beschwerdehaltung

Auch wenn HSM oft die Erfahrung machen, dass sie über viel Empathie und Intuition verfügen, dürfen sie nicht den Fehler machen, anzunehmen, dass sie in jedem Fall schon genau wissen, was andere denken und fühlen. Denn sowohl unsere Empathie als auch unsere Intuition entspringen immer unserem eigenen Erfahrungshintergrund, nicht dem der anderen.

Strategien im Umgang mit Schwächen

Wer seine Schwächen, Herausforderungen und Entwicklungsfelder kennt und sich mit ihnen aussöhnt, kann besser mit ihnen umgehen. Ein paar Ideen:

- Bereiten Sie sich auf herausfordernde Situationen vor.
- Nutzen Sie Hilfsmittel wie zum Beispiel Gehörschutz, wenn Sie sich konzentrieren wollen.
- Entwickeln Sie ein besseres Verständnis für sich selbst und Ihre Umwelt.
- Wenn Sie Situationen und Reize vermeiden, um Ihre Stärken besser einsetzen zu können, halte ich das für absolut sinnvoll. Vermeiden Sie also wann immer möglich Situationen, die Ihnen Energie rauben.

Ein stärkenorientiertes „Aber" zum letzten Punkt gibt es allerdings: Wenn sich auf Ihrem Weg eine wichtige Tür für Sie öffnet und Ihr Bauch „Ja" schreit, dann verlassen Sie Ihre Komfortzone und wagen Sie den Sprung ins kalte Wasser! Ihre Belohnung: Die Erfahrung, auch Herausforderungen meistern zu können, und das tolle Gefühl, es geschafft zu haben – beides wertvolle Nahrung für Ihr Selbstwertgefühl. Auch schön: Beim nächsten Mal ist das Wasser nicht mehr ganz so kalt.

Hochsensible Menschen haben durch ihre hohe Wahrnehmungsfähigkeit spezifische Entwicklungsfelder. Reize einfach auszublenden, ist für HSM keine leichte Aufgabe. Deshalb ist es umso wichtiger, die eigenen „Schwächen" zu kennen, sie anzunehmen und bewusst mit ihnen umzugehen.

2.2 Stärken und Fähigkeiten

Wenn die Hochsensibilität erst einmal erkannt wurde, gibt es ziemlich wenig, wozu HSM nicht in der Lage sind. Denn die Erkenntnis hilft ihnen dabei, Wege zu finden, ihre Ziele auf ihre eigene Art und Weise zu erreichen – so beschreibt Elaine N. Aron die Leistungsfähigkeit hochsensibler Menschen.

Lebenskraft und Resilienz

Ich schließe mich Aron an, denn ich empfinde und erlebe es genauso – ob bei mir oder bei anderen HSM. Wenn wir anfangen, unsere Bedürfnisse ernst zu nehmen, uns mit unseren Stärken auseinanderzusetzen, einen Sinn in unseren Aufgaben zu sehen und den Weg auf unsere Art zu gehen, dann sind wir kaum noch zu halten. Denn dann treffen zwei Kraftpotenziale aufeinander: Da ist zum einen die natürliche Lebenskraft, die HSM aufgrund ihrer Veranlagung entwickeln, weil sie mehr Reize wahrnehmen und verarbeiten müssen als andere Menschen. Zum anderen entsteht eine hohe produktive Energie, wenn der tägliche Stress durch eine reizintensive Arbeitsatmosphäre plötzlich wegfällt. Dann kehrt sich die Situation um. HSM erleben dann ihr ganzes Potenzial, spüren ihre Stärke und profitieren von ihren Fähigkeiten – genauso wie ihr Umfeld.

Hochsensible Stärken und Fähigkeiten

Bevor ich jetzt anfange, von den Stärken und Fähigkeiten hochsensibler Menschen zu sprechen, möchte ich darauf hinweisen, dass alles, was ich hier erwähne, natürlich nicht ausschließlich HSM vorbehalten ist. Es fällt allerdings auf, dass sie viele von diesen Stärken in sich vereinen und die Ausprägung bei ihnen intensiv ist:

Stärken hochsensibler Menschen	
feine Sinne, differenzierte Wahrnehmung	X
Gewissenhaftigkeit, Verbindlichkeit, Genauigkeit	X
Kreativität, Vorstellungskraft, künstlerische Talente	X
Gespür für Trends, Innovationen und Produkte	
Hilfsbereitschaft, Verantwortungsbewusstsein	X
Fehlersensitivität, Qualitätsbewusstsein, Sorgfalt	X
Empathie, soziales Verständnis, Reflexionsfähigkeit	X
intensive Verbindung zu Mitarbeitern und Kunden	X
Werteorientierung, Sinn für Nachhaltigkeit, Weitsicht	X
Wertschätzende Haltung und Fairness	X
ausgeprägte Intuition und spirituelles Verständnis	X
ganzheitliches, vernetztes Denken und Tiefgründigkeit	X
Lösungsorientierung und -kompetenz	X
Handlungsfähigkeit in plötzlichen Krisensituationen	
Neugier, Begeisterungsfähigkeit, emotionale Intensität	X
Konzentrationsfähigkeit, Lebenskraft, Ausdauer	X

Erkenntnis und Stärkenorientierung

In einem meiner Tagesseminare hatte ich mich gemeinsam mit den Teilnehmern zunächst mit den Herausforderungen von Hochsensibilität auseinandergesetzt. Nach der Mittagspause sollte es nun um die Stärken gehen. Ich leitete das Thema ein und alle wussten, dass die Stärken Teil des Seminars sind. Dennoch schaute ich in fragende und etwas unsichere Gesichter. Wir bildeten spontan drei Arbeitsgruppen und ich gab den Teilnehmern Stifte und Karten und 15 Minuten Zeit. Die Aufgabe: Möglichst viele Stärken sammeln, die sie mit ihrer Hochsensibilität in Verbindung bringen. Eine Teilnehmerin fragte: „15 Minuten? So lang? Gibt es denn überhaupt so viele Stärken von Hochsensibilität?" Ich lächelte sie an und sagte: „Warten wir es ab."

Nach 15 Minuten waren etliche Karten beschrieben und die Gespräche waren in vollem Gange. Ich gab den Gruppen „heimlich" fünf Minuten zusätzlich. Mehr ließ der zeitliche Rahmen des Seminars leider nicht zu. Es war so erfüllend, zu sehen, wie sich nach und nach alle ihrer Stärken bewusst wurden und gemeinsam darüber sprachen, dass ich ihnen gerne zwei Stunden dafür gegeben hätte. Als ich die Runde beendete, gab es Protest, bis ich erklärte, dass ich ihnen bereits mehr Zeit gegeben hatte. Wir gingen an die Arbeit und sammelten erstaunlich fröhlich eine Vielzahl von Stärken hochsensibler Menschen an der Metaplanwand.

Ganz gleich, ob hochsensibel oder nicht: Wir sind es durch die Strukturierung unseres Bildungssystems nicht gewohnt, über unsere Stärken zu sprechen. Das ist eine dramatische Situation – für alle. Und für viele hochsensiblen Menschen im Grunde eine Katastrophe. Denn ihnen fällt es aufgrund ihrer hohen Ansprüche, ihrer Genauigkeit und ihrer perfektionistischen Züge (jede Stärke hat auch ihre Schattenseiten) doppelt so schwer, sich bewusst zu machen, wie wertvoll ihre Fähigkeiten sind – für sie selbst und für die Gesellschaft. Ein stärkenorientierter Umgang mit den Fähigkeiten hochsensibler Menschen legt Potenziale frei, die für viele wohl überraschend und für die HSM und auch für die Gemeinschaft von großem Wert sind.

> **Nehmen Sie sich Zeit, um Ihre persönlichen Stärken zu reflektieren:**
> - Was macht Sie aus? Welche Ihrer Stärken ordnen Sie Ihrer hohen Wahrnehmungsfähigkeit zu?
> - Wofür werden Sie von Kollegen, Kunden, Chefs, Mitarbeitern, Patienten, Studenten, Schülern, Geschäftspartnern, Freunden usw. gelobt? Was fällt anderen positiv an Ihnen auf?

Hochsensible Menschen nehmen Reize intensiver wahr und verarbeiten sie tiefgründiger, was Ausdauer, Lebenskraft und seelische Stärke erfordert. Beginnen HSM, sich ihre spezifischen Fähigkeiten und Stärken bewusst zu machen, sind sie zu herausragenden Leistungen in der Lage.

2.3 Starkmacher bei der Arbeit

Nachdem wir den Blick auf Herausforderungen und Stärken von HSM gerichtet haben, möchte ich mit Ihnen das Paket komplett machen und auf die Bedeutung von Starkmachern hinweisen. Die Frage dazu lautet: Was können Sie tun, um bei der Arbeit das leisten zu können, was Sie leisten wollen, um zeigen zu können, was in Ihnen steckt?

Was Sie selbst tun können

Verantwortung für sich selbst übernehmen – das ist oft einfacher gesagt als getan, vor allem für die, die oft Ablehnung erfahren haben und verletzt wurden. Lernen Sie, Nein zu sagen, statt die Verantwortung für Aufgaben zu übernehmen, die nicht Ihre sind, und lernen Sie, Disharmonie auszuhalten. Nehmen Sie das Steuer in die Hand und verwalten Sie Ihre Ressourcen sorgsam. Gerade in helfenden Berufen ist es wichtig, gut für sich selbst zu sorgen. Das gilt für Menschen, die in der Pflege arbeiten, genauso wie für Ärzte und Therapeuten. Tun Sie nicht nur den anderen gut, sondern auch sich selbst. Denn nur, wenn Sie sich bewusst um sich selbst kümmern, können Sie anderen nachhaltig helfen.

Selbstsichere Haltung – Starkmacher 1

Verstehen Sie Ihre hohe Wahrnehmungsfähigkeit nicht als Bürde, sondern als einen Wesenszug, den die Natur Ihnen mitgegeben hat. Sie sind quasi völlig „normal". Söhnen Sie sich mit sich selbst aus. Machen Sie sich bewusst, dass körperliche Stressreaktionen kein persönliches Versagen, sondern eine ganz natürliche Reaktion Ihres „Systems" sind, das Ihnen Ihre aktuellen persönlichen Grenzen aufzeigt. Wir brauchen eine Balance aus Anspannung und Entspannung.

Stärkenorientierung – Starkmacher 2

Konzentrieren Sie sich auf Ihre Stärken. Das verleiht Ihnen Selbstsicherheit und Sie entwickeln dadurch ein gutes Gefühl für sich selbst. Stressprävention ist wichtig, dennoch dürfen Sie sich selbst und Ihren Fähigkeiten vertrauen und sich Ziele setzen, die Sie fordern, fördern und Ihnen guttun.

Netzwerke und gute Beziehungen – Starkmacher 3

Nutzen Sie Ihre hohe soziale Kompetenz und Ihre Empathie, um gute Beziehungen und tragfähige Netzwerke aufzubauen. Sie als HSM profitieren in hohem Maße von guten sozialen Beziehungen. Setzen Sie sich positiv mit dem Thema Small Talk auseinander und machen Sie sich klar, dass Gespräche, die Ihnen oberflächlich erscheinen, kein Angriff auf Ihren Wunsch nach Tiefgründigkeit sind. Vielmehr entstehen sie aus der bisher wenig emotionalen, dafür aber umso sachlicheren Kommunikationskultur des Geschäftslebens heraus.

Gewaltfreie Kommunikation – Starkmacher 4

Sprechen Sie mit Ihren Mitmenschen im Job, klären Sie sie über Ihre Fähigkeiten und Bedürfnisse auf und machen Sie Lösungsvorschläge, statt sich zurückzuziehen und zu warten, bis die Umstände sich ändern. Gewaltfreie Kommunikation basiert auf vier Schritten: Beobachtung – Gefühl – Bedürfnis – Bitte. Diese Art, zu kommunizieren, ist wertvoll, weil sie unseren inneren Beobachter schult und uns nicht in eine kommunikative Angriffssituation mit „Du-Vorwurf" bringt, sondern eine lösungsorientierte „Ich-Botschaft" vermittelt – im Grunde wie für HSM gemacht.

Arbeitsplatzgestaltung – Starkmacher 5

Wenn Sie in einem Büro arbeiten, setzen Sie sich für eine angenehme Arbeitsatmosphäre ein. Ganz gleich, welche Bedingungen Sie vorfinden, suchen Sie nach Lösungen. In lauten Umgebungen bitten Sie um ruhige Alternativen für konzentriertes Arbeiten. Das kann ein Homeoffice-Tag oder ein nicht genutzter Meetingraum sein. Gewöhnen Sie sich an, einen Gehörschutz oder Kopfhörer zu tragen.

Arbeitszeitgestaltung und Pausen – Starkmacher 6

Machen Sie sich regelmäßig Gedanken darüber, wie viel Sie arbeiten können und wollen. Wichtige Fragen für eine Entscheidung über die Gestaltung der Arbeitszeit lauten: Erfüllt Ihre Arbeit Sie? Oder möchten Sie auch unter der Woche noch andere Dinge tun? Können Sie auf einen Teil Ihres Einkommens verzichten oder nicht? Haben Sie Kinder und Familie? Passt Ihr Job zu den aktuellen Bedürfnissen Ihrer Familie? Wie viel „Haben" brauchen Sie zum „Sein"?

Machen Sie bewusst viele kleine Pausen (Nichtraucher-pausen!), tanken Sie regelmäßig frische Luft, lassen Sie den Blick schweifen und bewegen Sie sich, um Stress abzubauen. Sie können beispielsweise das Auto weiter weg parken oder früher aus Bus oder Bahn steigen, um einen kurzen Morgen- und Abendspaziergang zu integrieren.

Natur und Ruhezeiten – Starkmacher 7

Es ist wissenschaftlich nachgewiesen, dass ein Aufenthalt im Wald, an Seen oder Bächen oder auf Wiesen mit Bäumen sowie in den Parks der Großstädte den Stresshormonspiegel in kürzester Zeit massiv senken kann. Sogar das Betrachten von Naturbildern, der Blick ins Grüne und Zimmerpflanzen haben einen stressreduzierenden und entspannenden Effekt. Nutzen Sie dieses Wissen und planen Sie ausreichend Zeit in der Natur ein. Das sind optimale Ruhezeiten, in denen Sie die vielen Reize des beruflichen Alltags verarbeiten können und für Ihre Gesundheit sorgen. Weitere Starkmacher sind Schlaf, Musik, entspannte Zeit mit Familie und Freunden, gesunde Nahrung, Achtsamkeitsübungen, Meditation, Yoga oder jede andere Tätigkeit, die Ihre Emotionen und Ihren Geist zur Ruhe bringt und Sie entspannt.

Fokussierung – Starkmacher 8

Lernen Sie, sich zu fokussieren. Die Basis dafür ist bei vielen HSM, sich zu erlauben, nicht so präsent zu sein, wie sie es von sich und anderen oftmals erwarten. In den vielen Foren im Internet beobachte ich, dass Mitgefühl zu einem Wert erhoben wird und eine Art Überidentifikation mit diesem Wert erfolgt. Das kann dazu führen, dass HSM sich unbewusst oder bewusst verbieten, den Fokus phasenweise nur auf sich selbst zu richten – aus der Angst heraus, andere zu verletzen, weil sie nicht wahrnehmen, was die anderen um sie herum gerade brauchen. Da viele der anderen aber gar nicht so viele Zwischentöne wahrnehmen, lohnt es sich, dieses Risiko einzugehen. Sie werden sehen, wie viel Energie Sie mit etwas Übung gewinnen.

Coaching und Beratung – Starkmacher 9

Ganz gleich, in welcher Situation Sie sind – ob Lastenträger, Sinnsucher oder Performer –, es ist gut und richtig, sich Hilfe zu holen, wann immer Sie nach Lösungen suchen oder sich austauschen, weiterentwickeln oder neu orientieren wollen. Gerade die Erkenntnis der eigenen Hochsensibilität kann eine besondere Situation im Leben hochsensibler Menschen sein: Meine Erfahrung zeigt, dass dann ein hoher Bedarf entsteht, sich mit anderen HSM auszutauschen – privat und beruflich. Für hochsensible Menschen, die in ihrem Umfeld nur wenige oder keine anderen hochwahrnehmenden Menschen haben, gilt das auch über die „Erkenntniszeit" hinaus.

Wenn Sie ein professionelles Coaching oder eine Beratung in Anspruch nehmen wollen, wählen Sie am besten eine Person, die selbst hochsensibel ist und nachvollziehen kann, wie es Ihnen in alltäglichen Situationen geht, oder jemanden, der sich so intensiv mit dem Thema befasst hat, dass das Verständnis für das Thema Hochsensibilität gegeben ist. Lösungsorientierte Coachings mit einer ganzheitlichen Ausrichtung sind für HSM eine gute Wahl, wenn es um Lösungsfindung, neue Wege und Weiterentwicklung im Beruf geht.

Was Arbeitgeber tun können

Wer andere Fähigkeiten hat, hat auch andere Bedürfnisse. Und da jeder Mensch anders ist, sind wohl auch die Bedürfnisse am Arbeitsplatz unterschiedlicher, als es so manchem Wirtschaftlichkeitsspezialisten recht sein kann, der bisher überwiegend die klassischen „harten Fakten" im Blick hatte.

Die Entwicklung in der Arbeitswelt zeigt schon länger, dass die sogenannten „Soft Facts" gar nicht so „soft" sind, wie es lange schien. Denn wenn die Menschen, die arbeiten gehen, immer öfter krank oder sogar „arbeitsunfähig" werden, wenn viele nach neuen Wegen für ihre Arbeit suchen und immer mehr Menschen aus den Arbeitsgemeinschaften der Unternehmen aussteigen, um selbstständig für Arbeit zu sorgen, dann ist das ein Trend, der auf Dauer in die falsche Richtung geht. Denn gemeinsam ist vieles leichter als allein, und gute Mitarbeiter werden in den Unternehmen – so sagt man – immer mehr zur Mangelware.

Höchste Zeit also, sich um Diversität zu kümmern und von der Andersartigkeit von Menschen zu profitieren.

Was Arbeitgeber in Bezug auf hochsensible Mitarbeiter tun können, habe ich hier zusammengetragen. Mich überrascht nicht, dass die folgenden Punkte sich gar nicht so sehr von den allgemeinen aktuellen Diskussionen unterscheiden, in denen es um eine zeitgemäße, bessere und flexiblere Gestaltung von Arbeitszeit (= Lebenszeit) geht. Unternehmen sollten demnach ...

- flexible Arbeitszeiten und -modelle anbieten,
- ruhige Arbeitsplätze mit Privatsphäre schaffen,
- Ruhezeiten nach Reisen ermöglichen,
- auf eine Führung ohne Druck und Tadel setzen,
- Entscheidungsspielräume zulassen,
- eine angenehme, ästhetische Arbeitsatmosphäre schaffen,
- flexible Pausengestaltung ermöglichen,
- Anwesenheit nicht mit Produktivität verwechseln,
- Wertschätzung zeigen,
- „Natur" in die Arbeitsumgebung integrieren,
- Ruheräume einrichten und
- weitsichtige Vorschläge und interdisziplinäres Denken von Mitarbeitern nicht als Angriff auf die Führung verstehen, sondern als Ressource begreifen.

All das sind keine Forderungen, sondern Angebote, nachhaltige Angebote. Denn sie fördern die Arbeitszufriedenheit und Konzentration der Mitarbeiter und sorgen so auch für gesündere Mitarbeiter (und Führungskräfte) und eine höhere Produktivität und Innovationskraft.

Die „Erkenntnis Hochsensibilität" ist für den Umgang mit der hohen Wahrnehmungsfähigkeit ein Geschenk:

30

- *Wenn Sie Ihre spezifischen Herausforderungen kennen, können Sie Ihre Schwächen annehmen und erkennen, wo Sie Entwicklungsfelder haben.*

- *Das Wissen um die Hochsensibilität ist für viele HSM der Grundstein für eine stärkenorientierte Sicht auf ihren sensiblen Wesenszug. Der Blick auf die Stärken wird frei.*

- *Wichtig ist, Starkmacher in den beruflichen Alltag zu integrieren, damit Sie zwischendurch immer wieder auftanken und Ihre Ressourcen positiv für sich und andere nutzen können.*

- *Das Wissen über die unterschiedliche Sensibilität von Menschen gibt Unternehmen, Organisationen, Bildungs- und Gesundheitseinrichtungen Impulse, wie sie sensible Mitarbeiter fördern können.*

30 MINUTEN

Worauf können hochsensible Menschen bei der Berufswahl achten?

Wie finden hochsensible Menschen die passende Arbeitsform?

Welche Rolle spielen Sinn, Werte und Berufung?

3. Stärkenorientierung im Beruf

Ausbildung und Beruf sind Themen, mit denen sich alle Menschen auseinandersetzen müssen. Für HSM kann beides in einer wettbewerbs- und leistungsorientierten Gesellschaft, die von Noten, Vergleichen, Wettkämpfen, Bestenlisten, Assessment-Centern und einer Ellenbogenmentalität geprägt ist, zu einem Spießrutenlauf werden. Wir lernen einen Beruf oder studieren, um Kompetenzen zu erwerben, mit denen wir unseren Lebensunterhalt verdienen können. Und wir leben in einer Welt, die uns suggeriert, dass unser Wert als Mensch (auch) davon abhängt, ob wir im Beruf erfolgreich sind, obwohl das nur eine Frage der Definition ist. Der Schlüssel für eine gute berufliche Entwicklung ist die Stärkenorientierung und die Erkenntnis, dass die wenigsten Menschen heute noch ein Leben lang in ein und demselben Job arbeiten und viele sogar zwischendurch beruflich völlig umsatteln. Wenn wir etwas finden, dass uns Freude macht, mit Sinn erfüllt und unsere Stärken abruft, dann ist das eine gute Basis für beruflichen Erfolg und ein erfülltes Arbeitsleben.

3.1 Ausbildung und Berufswahl

Veränderung ist das Schlagwort unserer Zeit. Nur unser Ausbildungssystem für junge Menschen, das macht die Veränderung nicht mit und ist in seinen Grundpfeilern immer noch sehr statisch und starr. Das macht den Übergang von der Schule in die Ausbildung oder ins Studium und von dort aus in den Beruf für alle zu einer Herausforderung. Für hochsensible junge Menschen, die versuchen, das „Ganze" zu begreifen, sich in dem Gesamtgefüge einzuordnen und eine Lebensvision zu entwickeln, ist das eine kaum lösbare Aufgabe. Ich sehe mich noch nächtelang den Studienführer wälzen ohne den Funken einer Idee, welchen dieser vielen Studiengänge ich wählen soll, um den *einen* Beruf für mein *ganzes* Leben zu finden. Wenn ich damals schon gewusst hätte, was ich jetzt hier schreibe, dann wäre vieles leichter gewesen. Ich wünsche den jungen Lesern und ihren Eltern gute Ideen und stärkenfokussierte Lösungswege für das Thema Beruf und Berufung!

Berufswahl mit Stärkenfokus

Wenn Sie hochsensibel sind, dann ist es für Sie umso wichtiger, eine Arbeit zu machen, die Ihnen Freude bereitet und Ihre Stärken einbezieht, weil ungünstige Arbeitsbedingungen bei HSM leichter zu Stressreaktionen, Krankheiten und existenziell schwierigen Situationen führen können. Das ist gut zu wissen, denn so können Sie vorbeugen und bewusst in den Berufswahlprozess gehen. Folgende Fragen helfen Ihnen dabei, sich dem Thema Berufswahl positiv und stärkenorientiert zu nähern:

- Was macht mir Freude? Was mache ich gerne?
- Worin möchte ich kompetent sein?
- In welcher Arbeitsatmosphäre möchte ich arbeiten?
- Mit welchen Menschen möchte ich arbeiten?
- Womit kann und möchte ich Geld verdienen?
- Was sind meine Interessen?
- Was kann ich gut? Was fällt mir leicht?
- Was schätzen meine Freunde an mir?

Schreiben Sie alles auf – auch Hobbys wie Fotografieren, Ausritte mit dem Pferd, Sport, Malen, Wandern, Radfahren oder was auch immer Ihnen Freude bereitet. Um den Blick ganzheitlich in die Zukunft zu richten, sollten Sie folgende Fragen für sich beantworten:

- Welche Ziele habe ich?
- Was möchte ich auf dieser Welt verändern?
- Welche Aufgaben sind für mich sinnerfüllt?
- Welche Themen begeistern und aktivieren mich so sehr, dass ich richtige Lust habe, mich auf den Prozess meiner beruflichen Laufbahn einzulassen?
- Wovor fürchte ich mich?
- Was wünsche ich mir?
- Wie viel Geld möchte ich verdienen?
- Wie viel Zeit am Tag möchte ich arbeiten?
- Wie viel Zeit brauche ich für mich?
- Auf was in meinem Alltag kann ich verzichten?
- Worauf möchte ich auf keinen Fall verzichten?

Lassen Sie sich nicht irritieren, wenn es sich für Sie so anfühlt, als ob einiges von dem, was Sie sich als Antwort notiert haben, unsinnig, nicht erreichbar, größenwahnsinnig oder was auch immer wäre. Es ist weder sinnvoll, sich innerlich zu begrenzen, noch zu erwarten, dass „alles" möglich ist, und dadurch einen hohen Druck aufzubauen! Was aber immer hilfreich ist: Setzen Sie sich mit Ihren inneren Antreibern und Motivatoren auseinander und lernen Sie sie gut kennen. Und machen Sie sich bewusst, welche anderen Starkmacher Ihnen in Ihrem Leben Kraft, Energie und Antrieb geben.

Tipps und Tricks für die Berufswahl

Fangen Sie also da an, wo Ihre Stärken, Interessen und Neigungen liegen. Prinzipiell gibt es keine Begrenzungen oder besonderen Empfehlungen für HSM bei der Berufswahl. Fakt ist zwar, dass viele hochsensible Menschen beratende, lehrende, helfende und kreative Berufe attraktiv finden. Dennoch arbeiten aber auch eine Menge hochsensibler Menschen in anderen Berufen – mit Sinn, Herz und Verstand.

Wer auf der Suche nach seinem Beruf ist, sollte sich hüten vor …

- Ratschlägen von Menschen, die glauben, besser zu wissen, was gut für einen ist, als man selbst,
- Vergleichen mit „den" anderen,
- Imitationen, denn der Weg eines anderen kann nie der eigene sein, und
- Umständen, die einem dauerhaft nicht guttun.

Damit Ihr Blick auf das Thema „Berufswahl für HSM" umfassend wird, habe ich weitere Empfehlungen und Denkanstöße für Sie:

- Finden Sie heraus, ob Sie eher extrovertiert, introvertiert oder ein „Zentro" sind. (Vgl. Sylvia Löhken: *30 Minuten Intro, Extro oder Zentro?*)
- Sind Sie „nur „hochsensibel" oder auch hochbegabt, vielbegabt (Scanner) oder ein High-Sensation-Seeker?
- Sind Sie eher ein kreativer oder ein rationaler Typ? Oder ein bisschen von beidem?
- Möchten Sie Spezialist für ein Thema werden, weil Sie für ein ganz spezielles Themengebiet eine große Leidenschaft hegen? Oder sind Sie ein Generalist und möchten vieles verstehen und durchdringen?

Viele hochsensible Menschen sind in Berufen gut aufgehoben, die vielschichtig sind und vielfältige Aufgaben bieten und bei denen sowohl der Verstand als auch das Herz gefragt sind. Außerdem kann Abwechslung wichtig sein, es sei denn, Sie finden eine Aufgabe, die sich zwar wiederholt, für Sie aber dennoch absolut erfüllend ist.

Wichtig ist auch, sich bei der Berufswahl Gedanken darüber zu machen, in welcher räumlichen Umgebung man den Job ausüben kann bzw. muss. Ist es eine angenehme Vorstellung, dort zu arbeiten, oder könnte es dort auf Dauer z. B. zu intensiv riechen oder zu laut, zu kalt, zu warm oder zu stickig sein?

Berufliche Laufbahn als Prozess verstehen

Last but not least: Egal, wie das Leben gerade spielt, machen Sie sich immer wieder bewusst, dass ein „Beruf" heute nichts Feststehendes mehr sein muss und sich entwickeln darf. Sie können sich immer weiterbilden und Ihre Qualifikation im Laufe Ihres Lebens erweitern – oder auch mal komplett umsatteln. Wichtig ist, dass Sie immer am Ball bleiben. Dann werden Sie Ihre Nische finden – früher oder später. Und wenn es später ist, lassen Sie sich auf dem Weg dahin nicht entmutigen. Ich kenne viele hochsensible Menschen, die länger gebraucht haben, um ihren Weg zu finden.

Wenn HSM sich beruflich orientieren, sollten sie sich bewusst mit den eigenen Stärken und Interessen auseinandersetzen. Meine Empfehlung: den beruflichen Weg von Anfang an als Prozess sehen, eigene Wege gehen und sich nicht nur aufgrund guter Verdienstmöglichkeiten für einen Beruf entscheiden.

3.2 Angestellt oder selbstständig?

Welche Art zu leben und zu arbeiten einem Menschen Zufriedenheit schenkt, ist eine höchst individuelle Angelegenheit. Ob sich diese dann auch praktisch umsetzen lässt, ist immer auch abhängig von der persönlichen Situation: Single, Paar, Eltern mit Kind oder Kindern oder alleinerziehend? Hochsensible Menschen brauchen Rückzugsräume, die ihnen ermöglichen, die vielen Eindrücke des Tages zu verarbeiten. Wenn hochsensible Singles nach einem Vollzeitjob nach Hause kommen, dann ist Ruhe. Hochsensible Eltern haben in der gleichen Situation nur selten wirklich Ruhe. Jobplanung ist also auch immer Familienplanung und umgekehrt. Darauf sollten Hochsensible im Hinblick auf ihre Krafteinteilung auf jeden Fall achten. Und auch darauf, dass sich die Bedürfnisse je nach Lebensphase immer wieder ändern können.

Hochsensible Bestandsaufnahme

Schauen Sie selbst regelmäßig genau auf Ihre Situation. Wenn Sie vor größeren Herausforderungen stehen, sprechen Sie auch mit einem Berater oder Coach über Ihre Veränderungswünsche und klären Sie die folgenden Fragen:

- Was ist jetzt wichtig?
- Brauche ich nur mehr Ausgleich und Entspannung?
- Ist Burn-out ein Thema?
- Steht eine berufliche Veränderung an?
- Wünsche ich mir ein neues Aufgabengebiet?
- Macht ein unternehmensinterner Wechsel Sinn?
- Brauche ich einen neuen Job – oder sogar einen neuen Beruf?
- Möchte ich mich selbstständig machen?

Bevor Sie Entscheidungen treffen, reflektieren Sie Ihren beruflichen Weg und Ihre aktuelle Situation vor dem Hintergrund Ihrer Hochsensibilität. Machen Sie sich bewusst, dass auf Sie als HSM viele Einflussfaktoren intensiver wirken als auf andere – wie z. B. räumliche Umgebung, Unternehmenskultur, Arbeitsklima, Arbeitsweg, Arbeitszeit, Gestaltungsfreiheit beim Erledigen von Aufgaben und Raum für Kreativität. Auch alles, was die fünf Sinne herausfordert, kann sich stark auf Ihr Wohlbefinden auswirken (s. Kapitel 1.2). Vorgaben, Regeln, Kontrolle, Misstrauen, Zeitdruck und stark hierarchische Strukturen könnten Ihnen zusätzlich zu schaffen machen.

Wenn Sie angestellt sind, prüfen Sie, ob Sie Teilzeit arbeiten können und wollen. Vielleicht ergibt sich in der freien Zeit die Möglichkeit, Sinn im Ehrenamt zu finden, oder Sie beginnen parallel, eine Selbstständigkeit aufzubauen. Oder Sie gönnen sich einfach einen freien Tag mitten in der Woche oder ein langes Wochenende. Vorausgesetzt, dass Ihre finanzielle Situation das zulässt, kann der freie Tag ein größerer Gewinn für Sie sein als das Vollzeitgehalt.

Alternative Selbstständigkeit

Die Selbstständigkeit kann eine attraktive Möglichkeit sein, um sich neue Perspektiven aufzubauen. Sie darf aber nie eine Flucht aus dem Angestelltenverhältnis sein, sondern braucht gute Vorbereitung und ein Konzept. Ein paar Schlüsselfragen:

- Habe ich eine gute Idee? Gibt es eine Zielgruppe?
- Fühlt sich mein Vorhaben grundsätzlich gut an?

- Welche Kompetenzen bringe ich für die Selbstständigkeit mit? Wobei brauche ich Unterstützung?
- Wie gestalte ich den Weg in die Selbstständigkeit und mein eigenes Business so, dass ich mich nicht überfordere?
- Passt der Schritt in meine aktuelle Situation? Habe ich Unterstützung von meinen Liebsten?
- Welche Summe brauche ich im Monat für die laufenden Geschäftskosten? Was brauche ich zum Leben?
- Habe ich Rücklagen für den Notfall?
- Was kann und will ich investieren? Möchte ich mit oder ohne Fremdkapital gründen?
- Bin ich bereit, das Risiko „Selbstständigkeit" einzugehen? Bin ich bereit, Neuland zu betreten?

Risiken sind für viele HSP ein Energieräuber. Deswegen ist es wichtig, alles Schritt für Schritt und – wenn möglich – mit Ruhe zu entscheiden. Es gilt, langsam anzufangen und den Veränderungen Zeit zu geben. Für einen kurzen Überblick über die Unterschiede zwischen Anstellung und Selbstständigkeit, habe ich – ohne Anspruch auf Vollständigkeit – die folgende Tabelle zusammengestellt:

Angestellt	Selbstständig
Flexibilität der Arbeitszeit an Angebote des Unternehmens gebunden	flexible Arbeitszeiten möglich (je nach Business)

begrenzte Aufgabenfelder	große Gestaltungs-spielräume
eingeschränkte Entschei-dungsspielräume	Entscheidungsfreiheit
Verantwortung begrenzt	volle Verantwortung
Rolle klar definiert	Rolle nicht klar definiert
stabiles, relativ sicheres Einkommen	schwankendes Einkommen
Lohnfortzahlung im Krankheitsfall	Umsatzausfall oder -einbußen bei Krankheit
Arbeitgeber trägt Kran-ken-, Pflege-, Sozial- und Rentenversicherung mit.	Kosten für Kranken-, Pflege-, Sozial- und Ren-tenversicherung müssen selbst getragen werden.
Abzug der Einkommens-steuer vom Gehalt	Einkommensteuerrück-lagen bzw. Vorauszahlun-gen nötig
stärker fremdbestimmtes als selbstbestimmtes Arbeiten	stärker selbstbestimmtes als fremdbestimmtes Arbeiten
Arbeitsumfeld vorgegeben und oft reizüberflutet	bewusste und reizreduzierte Gestaltung des Arbeits-umfeldes möglich

Seien Sie ehrlich zu sich selbst, wenn es um berufliche Neuorientierungen geht. Die Selbstständigkeit ist kein Allheilmittel, sie kann sogar sehr herausfordernd sein. Für den einen ist es wichtiger, flexibel und frei in sei-nen Entscheidungen zu sein, die andere braucht mehr Sicherheit und Struktur. Hochsensiblen Menschen grundsätzlich den Weg in die Selbstständigkeit zu empfehlen, ist weder für den Einzelnen noch gesamtwirtschaftlich betrachtet sinnvoll, denn schließlich sind wir gemeinsam stärker als allein. Außerdem: Wer hätte bessere Voraussetzungen, auf die Missstände in den Unternehmen aufmerksam zu machen und etwas zu verändern, als Menschen mit feinen Antennen?

Angestellt tätig sein oder selbstständig arbeiten? Diese Frage stellt sich vielen hochsensiblen Menschen. Wichtig ist, sich klarzumachen, dass auch unter HSM die Bedürfnisse je nach Persönlichkeit, Lebensphase und Familiensituation sehr unterschiedlich sein können.

3.3 Zwischen Beruf und Berufung

Arbeit und Beruf werden immer mehr zu Lebensbereichen, die sich dauerhaft weiterentwickeln. Da gilt es, im Wandel anzukommen und sich damit anzufreunden, dass es kaum Sicherheiten oder Situationen gibt, die „auf Dauer" angelegt sind. Jobwechsel, Weiterbildung, Umstrukturierungen, Neuanfänge – all das sind Phänomene, die inzwischen jeder kennt und erlebt.

Parallel ist es für die meisten Menschen kaum noch nachvollziehbar, wie ein kompletter Arbeitsprozess abläuft. Jobs sind oft auf Aufgabenfelder begrenzt und nicht ganzheitlich ausgelegt. In vielen Jobs sind die Abläufe und Prozesse immer gleich, was für HSM potenziell langweilig ist und somit an den Kräften zehrt – Stichwort „Bore-out". Da bleibt wenig Raum für Sinn. Für die meisten HSM ist der Sinn allerdings mindestens genauso wichtig wie das Geld, wenn nicht sogar wichtiger – ein Dilemma. Und so wird der innere Ruf lauter und die Sehnsucht danach, die ureigene Lebensaufgabe zu finden, wächst. Oft ist das Gefühl eher diffus als konkret, und es treibt viele HSM dazu, mehrere Ausbildungen und Studiengänge zu absolvieren, Fort- und Weiterbildungen zu belegen und öfter mal nach neuen Aufgaben und Jobs „mit Sinn" zu suchen.

Karriere als Gratwanderung

Im Arbeitsleben geht es bei Wahrnehmungskünstlern ganz oft um eine Gratwanderung: Karriere und Einkommen versus Sinn und Bedeutung. Darüber hinaus wünschen sie sich Anerkennung und wollen im Einklang mit ihren Werten, anderen Menschen und der Natur arbeiten. Ganzheitlichkeit und Nachhaltigkeit sind vielen HSM sehr wichtig. Genauso wie Fairness. Ein Verkaufsleiter, der von einem hochsensiblen Verkäufer verlangt, Kunden zum Kauf zu überreden, wird auf Granit beißen. Denn der möchte ehrlich und nutzenorientiert beraten und nur dann verkaufen, wenn es für den Kunden passt. Passen die Wertesysteme von Arbeitnehmer und Unternehmen oder Anbieter und Kunden nicht zusammen, kommt es zu Identifikations- und Loyalitätskonflikten – ein echter Stressfaktor.

Streben nach Sinn und Erfüllung

Die Arbeitssituation hat einen großen Einfluss auf die generelle Zufriedenheit im Leben. Ulrike Hensel nennt in ihrem Buch *Hochsensible Menschen im Coaching* folgende Faktoren für die Arbeitszufriedenheit von HSM:

- Möglichkeit, Stärken und Fähigkeiten einzusetzen
- passende Inhalte und gute Rahmenbedingungen
- Gestaltungsspielräume bei der Arbeit

Doch selbst wenn die Arbeitszufriedenheit gegeben ist, streben HSM oft danach, ihren eigenen Weg zu gehen, ihre persönlichen Themen zu finden und ihnen nachzugehen. Sie wollen sinnstiftend tätig sein und Ziele verfolgen, die von Bedeutung sind. Eine ungeduldige Suche nach der Berufung und das übertriebene Streben nach Selbstverwirklichung können der Arbeitszufriedenheit da durchaus schon mal im Wege stehen.

Das Berufsleben als Prozess sehen

Halten wir also fest: Der innere Ruf nach Erfüllung und Sinn ist bei HSM stark ausgeprägt. Jetzt stellt sich die Frage, was Sie daraus machen. Lassen Sie es zu, dass dieser innere Ruf Sie drängt oder gar zum Zwang wird? Oder setzen Sie darauf, dass Sie Ihren Weg in Ruhe gehen – in dem Vertrauen, dass Sie spüren werden, wann und wo sich Türen in Richtung Berufung öffnen? Natürlich ist es die größtmögliche Erfüllung, wenn man mit etwas Geld verdienen kann, das einem Spaß macht. Und doch ist es ebenfalls möglich, Spaß an einem vermeintlich „notwendigen Übel" zu finden, wenn die Umgebung stimmt und die Menschen passen. Oder auch eine Weile der Vernunft zu folgen, weil das Leben gerade keine Ausflüge nach links und rechts zulässt. Es gibt Phasen, in denen das Geld einfach fließen muss und Mittel zum Zweck für unsere Weiterentwicklung sein darf. Das fordert von Ihnen, dass Sie sich auch auf solche Phasen einlassen können und wollen.

Parallel sollten Sie regelmäßig nach innen horchen und Ihrem inneren Ruf bedächtig folgen. Wenn da ein Ruf ist, dann hat er seinen Sinn. Ihn dauerhaft zu unterdrücken, halte ich für ungesund. Aber Vorsicht: Hüten Sie sich vor der Glorifizierung Ihrer Berufung! Denn erstens gibt es für viele Menschen nicht die eine Berufung, denn auch Berufung ist ein Prozess, der dem Wandel und natürlichen Zyklen unterliegt. Und zweitens ist es zwar eine wunderbare Erfahrung, die eigene Berufung zu leben, aber wo die Erwartungen hoch sind, ist die Enttäuschung umso größer, wenn es nicht gleich so funktioniert, wie man sich das vorgestellt hat. Wenn wir jedoch mit Ruhe und Vertrauen einen Schritt vor den nächsten setzen, dann verläuft der Prozess oft viel entspannter und nachhaltiger – und ohne große Enttäuschungen und Energieverluste.

Darüber hinaus gibt Ihnen die „Erkenntnis Hochsensibilität" die Möglichkeit, alle Ereignisse in Ihrer beruflichen Laufbahn aus einer anderen Perspektive zu sehen und neu zu bewerten. Vielleicht hat „dem inneren Ruf folgen" ja auch schon etwas damit zu tun, dass wir uns gestatten, uns so zu zeigen, wie wir sind, und neben der fachlichen Qualifikation auch unsere hohe Wahrnehmungsfähigkeit in den Job einbringen. Je mehr Vertrauen wir in uns haben, desto größer ist auch die Wertschätzung für uns selbst und umso mehr werden wir aus unseren Stärken heraus tätig. Und das ist immer eine wundervolle Erfahrung – ganz gleich, ob wir einen „stinknormalen" Beruf ausüben oder unsere Berufung leben.

Meine Empfehlung: Sehen Sie jede Station auf Ihrem Weg als Teil eines Prozesses, den Sie mit Geduld und Vertrauen Schritt für Schritt gehen dürfen – auf Ihre Art und in Ihrem Tempo.

Stärkenorientierung im Beruf sollte selbstverständlich sein, und zwar schon bei der Berufswahl. HSM sollten ihre Fähigkeiten nutzen können und ein geeignetes Arbeitsumfeld haben. Für eine positive berufliche Laufbahn ist es wichtig,

- *herauszufinden, ob man lieber angestellt oder selbstständig arbeiten möchte,*
- *gute Arbeitsbedingungen anzustreben, statt ungünstige Umstände hinzunehmen,*
- *sich nicht nur am Geld, sondern auch am Sinn der Arbeit zu orientieren, und*
- *der Sehnsucht nach Erfüllung zu folgen, aber ohne den Zwang, schnell die persönliche Berufung finden zu müssen.*

30 MINUTEN

4. Hochsensibilität und Führung

In diesem Kapitel möchte ich neue Leadership-Aktien in Umlauf bringen – solche, die das Zeug haben, einen Aha-Effekt auf dem Business-Parkett zu bewirken. Kurzum: Es geht um „sensible" Zusammenarbeit, hochsensible Führungskräfte und achtsame Selbstführung. Wertschätzung, Kommunikation, Stärkenorientierung, Empathie, Reflexionsfähigkeit, Selbstverantwortung und Achtsamkeit spielen bei alledem eine große Rolle. All das sind Themen, die für alle Menschen von Bedeutung sind. Beziehen wir zusätzlich den Aspekt der menschlichen Sensibilitätspalette mit ein, wird die Wichtigkeit der oben genannten Werte und Kompetenzen so klar wie ein Bergsee, dessen ruhige Kulisse nicht nur hochsensible Menschen in ihre Stärke bringt, sondern auch alle anderen. Und plötzlich handelt es sich nicht mehr nur um „Soft Skills", sondern um harte Businessfakten. Wer sich wohlfühlt, gesund ist und seine Stärken einsetzen kann, arbeitet gut und gern. Und wer gern arbeitet, ist innovativ, kreativ und produktiv – die Grundlage dafür, dass nachhaltige Ergebnisse entstehen können.

4.1 Wertschätzendes Miteinander

Wie können Menschen mit unterschiedlicher Sensibilität wertschätzend miteinander umgehen? Theoretisch ist die Antwort ganz einfach: Setzen Sie sich mit sich selbst und anderen neugierig und offen auseinander und seien Sie bereit, in jeder Situation mit dem anderen zu sprechen. Frei nach dem Motto: Kommunikation ist alles!

Offenheit – Kommunikation – Verständnis

Jeder Mensch ist auf seine Art anders und hat andere Bedürfnisse. Elaine N. Aron macht außerdem darauf aufmerksam, dass jeder Mensch sich am wohlsten fühlt, wenn er weder gelangweilt noch zu stark gefordert ist – ganz gleich ob HSM oder nicht. Für einen wertschätzenden Umgang unterschiedlich sensibler Menschen braucht es eine wertschätzende Atmosphäre, die Fähigkeit zur Reflektion und die Bereitschaft, offen über Stärken, Schwächen und Bedürfnisse zu sprechen – ohne Angst haben zu müssen, damit die Karriere zu riskieren oder im Kollegenkreis diskriminiert zu werden. Wichtig dabei:

- Offene, tolerante Atmosphäre
- Kommunikationsbereitschaft und -fähigkeit
- Verständnis für sich selbst und andere
- Empathie, Selbstfürsorge und Reflexionsvermögen

Hochsensible Mitarbeiter führen

Wie die Führung hochsensibler Mitarbeiter gelingen kann, zeigt ein Beispiel aus der Praxis. Christine Wolff ist in der Baubranche zu Hause und hält inzwischen mehrere Aufsichtsrats- und Beiratsposten. Sie hat mich inspiriert, und so bat ich sie um ein Interview.

Interview mit Christine Wolff
Haben Sie in den 20 Jahren als Führungskraft Menschen erlebt, die sensibler sind als andere? Wie sind Sie als Führungspersönlichkeit mit sensiblen Menschen umgegangen?

C. Wolff: *Sicher habe ich Menschen erlebt, die sensibler sind als andere, auch wenn ich damals den Begriff Hochsensibilität noch nicht kannte. Aber ich habe mit ihnen nicht über ihre vermeintlichen Schwächen gesprochen, sondern über ihre Stärken. Kommentare wie „Sei doch nicht so empfindlich!" führen da nicht weiter. Als Führungskraft müssen Sie die Potenziale in Ihrem Team erkennen. Sie haben die Aufgabe, die Mitarbeiter und Mitarbeiterinnen entsprechend ihrer Stärken sinnvoll einzusetzen. Die richtigen Fragen für Führungskräfte und Manager lauten:*

* *Wie passen diese Stärken ins Unternehmen?*
* *Wie kann ich den Mitarbeiter so einsetzen, dass er Mehrwert bringt?*
* *Und wie kann ich ein Arbeitsumfeld schaffen, in dem diese Menschen gut arbeiten können?*

Zum Thema Arbeitsumfeld etwas Persönliches: Ich selbst sehe mich übrigens überhaupt nicht als hoch-

sensibel, brauche aber dennoch absolute Ruhe, um konzentriert arbeiten zu können. Ein Großraumbüro ist für mich schwierig, und wenn es zu laut wird, habe ich immer Ohrstöpsel dabei.

Zurück zum Thema: Es gibt immer wieder Menschen, die sehr gut und tiefgründig im Detail arbeiten können. Ich hatte mal einen hochsensiblen Mitarbeiter, der in Meetings nie was gesagt hat, aber hinterher mit vielen guten Ideen zu mir kam. Wir haben uns gemeinsam mit ihm eine andere Position, mehr entsprechend seiner Fähigkeiten, überlegt. In dem Posten als Forschungsmanager für Deutschland war er sehr erfolgreich, denn hier war es erforderlich, mit großer Akribie und Perfektionismus bei gleichzeitig gutem Gesamtüberblick zu arbeiten.

Bei hochsensiblen Mitarbeitern kann es nach meiner Erfahrung erforderlich sein, dass es aufgrund eines übersteigerten Anspruchs an die eigene Arbeitsqualität zu zeitlichen Verzögerungen kommt. Die Führungskraft hat dann die Aufgabe, zu schauen, dass die Termine eingehalten werden. Aber respektvoll, denn Stress und Druck sorgen für eine Negativspirale abwärts in Bezug auf die Leistung.

Als ich jünger war und in der Führung noch nicht so viel Erfahrung hatte, habe auch ich Fehler gemacht. Der größte war, die falschen Leute in den falschen Job zu bringen, weil ich meinte, nicht mehr Zeit für die Auswahl und Koordination zu haben. Die wichtigste Aufgabe für Führungskräfte ist es, die Stärken und Schwächen der Mitarbeiter zu identifizieren, sie sinnvoll einzusetzen und ein wertschätzendes Umfeld zu schaffen. Das gilt für alle Mitarbeiter, nicht nur die hochsensiblen.

Missverständnis, Konflikt oder Mobbing?

Hochsensible finden sich häufig in Situationen wieder, in denen sie sich nicht verstanden fühlen und Probleme und Konflikte im Kollegenkreis auftauchen, die auch in Mobbing oder Bossing-Situationen enden können.

Bevor ich meinen Impuls zum Thema formuliere, möchte ich eines klarstellen: Ich möchte keineswegs Menschen vor den Kopf stoßen, die Opfer von Mobbing geworden sind und durch Kollegen oder Chefs systematisch und bewusst diskriminiert, ignoriert, diffamiert oder ausgebremst werden. Stattdessen möchte ich mit meiner Sichtweise einen Impuls in diese Thematik bringen, der darauf abzielt, genau hinzuschauen, um was es bei einem Konflikt geht: In meinem Leben gab es die eine oder andere Situation in Schule und Beruf, die von anderen als Mobbing eingestuft wurde. Ich selbst hätte diesen Begriff nie gewählt. Als ich jünger war, habe ich mich zwar verletzt gefühlt und war emotional vor allem in Konfliktsituationen schnell überfordert. Aber ich hatte nur selten das Gefühl, dass die Menschen um mich herum böse Absichten hatten. Später dann wurde mir immer mehr bewusst, dass ich mit Menschen „zusammengestoßen" bin, die ganz andere Wertvorstellungen, kommunikative Methoden, Wahrnehmungsebenen und Biografien hatten als ich. Daraus haben sich die Probleme ergeben. Nicht weil sie mich in böser Absicht mobben wollten, sondern im Grunde aus ihrem eigenen Unvermögen heraus, anders auf die Herausforderungen unserer Beziehung oder gar die Probleme in ihrem eigenen Leben zu reagieren. Die „Erkenntnis Hochsensibilität" kann – davon bin ich überzeugt – vielen Konflikten im Berufsleben den Wind aus den Segeln nehmen, weil plötzlich eine ganz andere Sicht auf sich selbst und den jeweils anderen möglich wird. Zusätzlich kommen dadurch neue Ansätze für Kommunikation und gegenseitiges Verständnis ins Spiel.

Ob jemand eine Situation als Konflikt oder sogar Mobbing einstuft, dürfte auch davon abhängen, wie sensibel ein Mensch ist und welche Werte er zugrunde legt.

Beispiele für Konflikte zwischen HSM und Nicht-HSM

1) Ein hochsensibler Mensch fühlt sich von seinem durchschnittlich sensiblen Kollegen angegriffen, weil er davon ausgeht, dass sein Gegenüber genauso empathisch und sensibel sein müsste wie er selbst. Der eine ist verletzt und der andere sagt: „Das war doch gar nicht so gemeint."

2) Ein HSM schnappt aufgrund seiner hohen Wahrnehmung etwas auf, das gar nichts mit ihm zu tun hat, und zieht sich verunsichert zurück. Die Kollegen werten das bewusst oder unbewusst als Rückzug aus der sozialen Gruppe. Oder der HSM geht zum Angriff über und macht jemandem einen Vorwurf. Dieser wiederum versteht nicht, was er falsch gemacht hat.

Zwei typische Situationen, die mir in meinen Beratungen und Gesprächen mit HSM immer wieder begegnen, habe ich in dem Kasten kurz skizziert. Es sind Situationen, in denen jede weitere Reaktion von der einen oder anderen Seite dazu führen kann, dass ein Konflikt entsteht und verstärkt wird, der gar nicht sein müsste. Es käme nämlich gar nicht erst dazu, wenn ein allgemeines Verständnis für die unterschiedliche Sensibilität, Wahrnehmungsfähigkeit und Empathie gegeben wäre.

Bei der Führung hochsensibler Mitarbeiter sind drei Aspekte wichtig: Fokus auf die Stärken richten, Mitarbeiter so einsetzen, dass er Mehrwert bringt, und angenehme Arbeitsatmosphäre schaffen. Auch bei den Themen Konflikt, Streit und Mobbing eröffnen sich durch das Wissen um die Hochsensibilität neue Perspektiven.

4.2 Hochsensible Führungskräfte

Hochsensible Führungskräfte? Gibt es die überhaupt? Ja, es gibt sie, die hochsensiblen Performer – auch in Führung und Management. Für hochsensible Menschen, die ein Thema finden, für das sie brennen, gibt es nichts, was sie nicht tun können. Die Begeisterungsfähigkeit und das Engagement vieler HSM dürfte da eine erhebliche Rolle spielen, und selbst Menschen, die sich in ihrer Jugend als schüchtern empfunden haben, sind plötzlich bereit, zu führen, hohe Verantwortung zu übernehmen und sich ins Licht der Öffentlichkeit zu wagen.
Über lange Zeit hinweg war die Berichterstattung über Hochsensibilität negativ geprägt. Es wurde viel über

dauerhaft überreizte hochsensible Menschen mit hohem Leidensdruck geschrieben. Daher ist die Wahrscheinlichkeit groß, dass vielen hochsensiblen Performern, zu denen ich auch hochsensible Führungskräfte zähle, ihre Hochsensibilität nicht bewusst ist. Die „Erkenntnis Hochsensibilität" kann HSM, die eine Führungsposition besetzen, neue Ansätze für ihre Selbstreflexion und persönliche Weiterentwicklung liefern. Und sie erhalten die Möglichkeit, bisher unbewusst genutzte Ressourcen der Hochsensibilität bewusst zu reflektieren und gezielter einzusetzen sowie eventuelle Problemfelder neu zu beleuchten und Lösungen für die eine oder andere Herausforderung zu finden.

Merkmale hochsensibler Führungskräfte

Wie passen Hochsensibilität und Führung zusammen? Was macht hochsensible Führungskräfte (HSFK) aus? Welche Herausforderungen gibt es? Worin liegen die Chancen? Der Wirtschaftspsychologe und Experte für Leadership und Change Daniel Panetta hat seine Masterarbeit zum Thema „Hochsensibilität und Leadership" geschrieben. Die Ergebnisse seiner Erhebung weisen auf folgende Merkmale hin:

- HSFK bevorzugen auffallend oft Aufgaben mit beratenden oder lehrenden Elementen.
- HSFK brauchen eine Tätigkeit, die sie mit ihrem Werte- und Moralverständnis vereinbaren können.
- Verstoßen Mitarbeiter gegen ihr Wertesystem, können HSFK „unsensibel" reagieren.

- Das Gerechtigkeitsstreben von HSFK ist stark ausgeprägt.
- HSFK setzen den Fokus auf die Beziehungsarbeit und
sehen Führung als eine Aufgabe, in der es darum
geht, Menschen zu begleiten.
- HSFK wirken motivierend auf ihre Mitarbeiter und
haben oft eine Vorbildfunktion.
- HSFK reflektieren sich ständig selbst und fragen sich
regelmäßig, ob ihr Verhalten adäquat ist/war.
- HSFK können durch ihre hohe Empathie vorausah-
nen, wie Personen sich verhalten oder reagieren,
und nutzen diese auch – ganz gleich, ob sie sich ihrer Hochsensibilität bewusst sind oder nicht.
- Die Empfindungsfähigkeit von HSFK ist sehr gut ausgeprägt, sodass sie positive und negative Stimmungen im Unternehmen körperlich wahrnehmen.
- Starke Emotionen und Gefühle können bei HSFK
deutlich physische Reaktionen auslösen – so z. B.
durch Tränen, Herzklopfen, Bauchschmerzen, Zit-
tern. Positive Impulse können auch ungewöhnliche
Gefühle von intensiver Freude, Glück oder Zufriedenheit im Zusammenhang mit der Arbeit erzeugen.

Herausforderungen für HSFK

Die größte Schwierigkeit für HSFK dürfte der souveräne
Umgang mit stark herausfordernden Situationen, Krisen
und Konfrontationen sein. Viele hochsensible Menschen
ziehen sich zurück, flüchten also vor solchen Situationen,
indem sie sie vermeiden, oder gehen in die Konfrontati-

on. Beide Verhaltensweisen dienen dem Selbstschutz. HSKF brauchen daher eine hohe Fähigkeit der Selbstkontrolle, um solche Situationen souverän zu bewältigen. Die „Erkenntnis Hochsensibilität" liefert neue Ansätze für den Umgang mit reizintensiven Situationen.

Chancen für HSFK und Unternehmen

Viele Mitarbeiter vermissen bei Führungskräften ein gutes Gefühl für Bedürfnisse, für Stimmungen, Feinheiten und Details. Das bringen HSFK von Natur aus mit und sorgen so für eine wertschätzende und leistungsorientierte Atmosphäre, was sich – wie die anderen Stärken von HSM auch – im Bereich Führung positiv auswirken kann. Der Wirtschaftspsychologe Daniel Panetta weist darauf hin, dass Unternehmen über zahlreiche ungenutzte immaterielle Vermögenswerte verfügen. Dazu gehört aus seiner Sicht auch die Möglichkeit, Themen wie die Hochsensibilität und die Erkenntnisse darüber in die Personalentwicklung und -platzierung miteinzubeziehen. Auch um unbewussten HSM die Möglichkeit zu geben, Lösungen für herausfordernde Aspekte ihrer Persönlichkeit zu finden. Denn es gibt zwar HSM, die sich intuitiv auch ohne das Wissen um ihre Hochsensibilität ihrer spezifischen Herausforderungen bewusst sind und lernen, balanciert damit umzugehen. Doch viele verpassen in herausfordernden Situationen die Chance der Weiterentwicklung, weil sie schlichtweg nicht wissen, dass sie zu den Menschen gehören, deren Nervensystem sensibler auf Reize reagiert. Durch einen bewussten Umgang mit der Hochsensibilität im Bereich Führung und auch darüber hinaus ließen sich beispielsweise Fehlzeiten durch Krankheiten reduzieren, die durch zu viel Stress oder Vermeidungsverhalten entstehen.

Für die meisten HSM ist es ein einschneidendes Erlebnis, von ihrer Hochsensibilität zu erfahren. So dürfte es auch für HSFK sein. Wer diesen Wesenszug von der Natur mit auf den Weg bekommen hat, freut sich, damit nicht allein zu sein und sich selbst besser verstehen und die Eigenschaft bewusst nutzen zu können.

Es ist von Vorteil, wenn das Thema Hochsensibilität im Unternehmen bekannt ist und hochsensible Führungskräfte ihre spezifischen Wesensmerkmale kennen. So können sie sowohl die Herausforderungen als auch die Stärken der Hochsensibilität positiv reflektieren.

30

4.3 Achtsame Selbstführung

„Achtsamkeit ist offenes, nicht urteilendes Gewahrsein von Augenblick zu Augenblick."
(Jon Kabat-Zinn)

Die Achtsamkeitspraxis hält Einzug in unsere westliche Welt, auch in die Unternehmen. Das ist eine gute Entwicklung für alle und für hochsensible Menschen ein besonderes Geschenk. Warum? Ich möchte Ihnen meine Apothekerschränkchen-Metapher mit auf den Weg geben: Hochsensible Menschen nehmen viel differenzierter wahr und ordnen daher mehr Feinheiten in ihr System ein. Angenommen, wir betrachten das Verarbeiten der vielen Reize als ein Einsortieren in einen Schrank. Dann ist das bei vielen Menschen ein ganz einfacher Schrank: ein paar Schubladen, ein paar Türen, fertig. Und das ist auch ganz in Ordnung so. Wenn ich mir jedoch den „Schrank" bei hochsensiblen Menschen vorstelle, dann sehe ich einen großen Apothekerschrank vor mir – mit vielen kleinen und größeren Schubfächern –, oft immer noch zu wenig oder gerade mal genug Platz für all die Eindrücke, die da so auf die Wahrnehmungskünstler einströmen. Für alles, was sie im Bewusstsein verarbeiten, brauchen sie aber auch Wissen, Meinungen, Interpretationen, Urteile oder Einschätzungen, damit sie entscheiden können, in welche Schublade die Erfahrung kommt. Deswegen die vielen Gedanken und Gefühle und bei vielen HSM auch viel zu viele Wertungen und damit einhergehende Erwartungshaltungen sich selbst und anderen gegenüber. Da wird das Wertebewusstsein zur Falle und die vielen Interpretationen, Wertungen und Urteile über sich selbst und andere zu Selbstwertvernichtern und Spaßbremsen.

Wer einen achtsamen Blick in eines der vielen Hochsensibilitätsforen auf Facebook wirft, wird schnell wissen, was gemeint ist: Da werden Menschen mit hohem Potenzial und viel Feingefühl auf einmal zu schärfsten

Richtern über Menschen, die sie noch nie persönlich getroffen haben, und über Themen, die sie gerade zum ersten Mal aufgeschnappt haben. Was hat das nun alles mit Achtsamkeit zu tun?

Grundlagen der Achtsamkeit

Achtsamkeit schult nicht nur die Wahrnehmung, sondern auch den Umgang mit ihr. Eine tolle Basis, um sich besser abgrenzen und fokussieren zu können. Die Grundlagen der Achtsamkeit sind:

1. Achtsame Gegenwärtigkeit: Offen wahrnehmen und erkennen, was ist, von Augenblick zu Augenblick.
2. Akzeptierende, nicht wertende Haltung: Wahrnehmungen, Gefühle und Gedanken annehmen, ohne sie zu beurteilen oder verändern zu wollen.

Bei der Achtsamkeit geht es um Elemente des Seins, die hochsensiblen Menschen helfen können, ihre Wahrnehmungsfähigkeit auf der einen und die als oft so anders und unangenehm wahrgenommene Umwelt auf der anderen Seite anzunehmen, ohne sich selbst und ihre Wahrnehmungen ständig in den Apothekerschrank einordnen zu müssen. Es geht um Dankbarkeit, Einlassen, Annehmen und Akzeptieren.

Zur Achtsamkeitspraxis gehören neben der inneren Haltung auch Meditationsübungen, wie die klassische Atemmeditation, die Sitzmeditation, sanftes Yoga und der Body Scan. Wir sind in unserem Kulturkreis durch die Schulung unseres Verstandes geübt darin, auch ohne

Meditation durch unseren Verstand Veränderungen zu bewirken. Doch wer sich selbst regelmäßig in der Stille der Meditation begegnet, um sich mit seinen Gedanken, Gefühlen und seinem Körper vertraut zu machen, weiß, was für eine Kraft in der Begegnung mit sich selbst liegt.

Achtsamkeit als Prinzip der Selbstführung

Durch die Achtsamkeitspraxis lernen Sie nach und nach, im Hier und Jetzt zu sein, und können sich leichter fokussieren. Dabei geht es nicht darum, den Blick für die Realität zu verlieren, sondern eine gute Balance zwischen einer ganzheitlichen Perspektive und dem Hier und Jetzt zu finden. Wer sich in Achtsamkeit übt, kann lernen, den Autopiloten auszuschalten, eine Metaperspektive einzunehmen und den inneren Beobachter zu schulen. Tatsächlich bedeutet das, sich darüber bewusst zu werden, was gerade geschieht, und sich nicht automatisch von Gedanken, Gefühlen oder plötzlichen Ereignissen leiten zu lassen. Nach und nach entsteht eine Lücke zwischen Reiz und Reaktion, die Raum schafft, alte Muster zu durchbrechen und anders mit Situationen umzugehen.

Ein spannender Helfer ist dabei folgende, beliebig einsetzbare Satzkonstruktion: „Ich bin nicht mein Gedanke" und „Ich bin nicht mein Schmerz" funktionieren genauso wie „Ich bin nicht das Geräusch" oder eben auch „Ich bin nicht meine Hochsensibilität". Es sind immer nur Aspekte unserer Persönlichkeit oder Wahrnehmungen, die jetzt gerade in unser Bewusstsein stoßen. Sie bestimmen niemals unser ganzes Leben. Achtsamkeit hilft dabei, eine Überidentifikation zu vermeiden, denn ganz gleich, ob es um Gedanken, Gefühle, Schmerzen, Diagnosen oder auch um Persönlichkeitskonzepte wie das der Hochsensibilität geht – wenn sie zu viel Raum einnehmen, dann übernehmen sie die Führung. Wir sollten das nicht zulassen und uns stattdessen freundlich und liebevoll selbst führen, denn dadurch können wir einen großen Teil zu einer gesunden Lebensführung beitragen.

Achtsamkeitstipp: Es gibt zwei Arten, wie Sie Achtsamkeit missbrauchen können: Zum einen, wenn Sie erwarten, durch die achtsame Haltung immer mehr Aufgaben bewältigen zu können, und sich so letztlich überfordern. Zum anderen brauchen Sie ein freundliches Herz sich selbst gegenüber. Denn sobald Sie anfangen, sich unter Druck zu setzen, erzeugen Sie Stress, statt ihn zu reduzieren. Für diese beiden Hinweise bin ich meiner Achtsamkeitslehrerin Christine Blug aus Hamburg übrigens sehr dankbar.

Die Macht der Pausen

„Wer innehält, erhält inneren Halt." Dieser Satz von Nicolai Albrecht, dem Leiter einer Weiterbildung zum Thema „Achtsame Beratung", an der ich teilgenommen habe, hat mich geprägt. Ein Satz, der die Macht der Pausen auf den Punkt bringt. Selbst im größten Alltagschaos ist jeder Moment neu. Wir sind immer Schöpfer unseres Seins. In jeder einzelnen Sekunde. Wir können immer gestalten, verändern, selbst Entscheidungen treffen und für eine gesunde Lebensbasis sorgen. Vorausgesetzt, wir machen regelmäßig Pausen, atmen tief durch und nehmen wahr, was ist und wo wir gerade stehen – im Leben oder im aktuellen Moment.

30 *Beim Thema Hochsensibilität und Führung lassen sich stärkenorientierte, beziehungsfördernde und achtsame Impulse in die Arbeitswelt bringen:*

- *Eine Atmosphäre der Wertschätzung braucht Offenheit, Kommunikation, Verständnis und Empathie.*
- *Beim Führen von Mitarbeitern – egal ob hochsensibel oder nicht – ist es wichtig, sich ihre Stärken anzuschauen, sie sinnvoll im Unternehmen einzusetzen und eine gute Arbeitsatmosphäre zu schaffen.*
- *Das Wissen um Hochsensibilität kann Harmonie fördern, denn dadurch lassen sich Konflikte reduzieren und Mobbing eindämmen.*
- *Hochsensible Führungskräfte sind werteorientierte und gerechte Performer, die mit ihrem feinen Gespür für Bedürfnisse und Stimmungen eine wertschätzende und leistungsorientierte Arbeitsatmosphäre schaffen können.*
- *Die Prinzipien der Achtsamkeit – Offenheit in jedem Moment und eine akzeptierende, nicht wertende Haltung – fördern die Selbstführung, die Gesundheit und eine angenehme Arbeitsatmosphäre.*

Impulse für Beruf und Arbeitswelt

Zum Abschluss möchte ich Ihnen noch einige Denkanstöße und Inspirationen zum Thema Hochsensibilität in Beruf und Arbeitswelt mit auf den Weg geben.

Hochsensibel = wahrnehmungsbegabt

Das Wort „Hochsensibilität" geht vielen schwer über die Lippen, weil „Sensibilität" in unseren Breiten keinen guten Ruf hat. Sensibel sein? Wer kann sich das schon leisten? Und Hochsensibilität geht gar nicht! Wir haben den Blick dafür verloren, dass es die sanften, ruhigen Zeiten sind, die uns erfüllen. Momente, in denen wir Muße haben, um zu genießen. Das ermöglicht uns unsere Sensibilität. Sie sichert uns Menschen auch das Überleben. Und dennoch ist das Wort „Sensibilität" (noch) eher negativ besetzt. Sprechen wir doch einfach stattdessen von „Wahrnehmungsbegabung" und arbeiten weiter daran, das Image von Sensibilität zu stärken!

Hochsensibel und hochbegabt?

Was genau Hochsensibilität und Hochbegabung miteinander zu tun haben, ist bisher nicht wissenschaftlich erforscht. Zunächst einmal ist Hochbegabung ab einem IQ von 130 gegeben, was einen Prozentsatz von gut zwei Prozent der Bevölkerung ausmacht. Menschen ab einem IQ von 115 (15,8 % der Bevölkerung) haben oft

Teilhochbegabungen, z. B. im mathematischen, logischen oder sprachlichen Bereich. In der Praxis fällt auf, dass es viele Fachleute gibt, die sich sowohl mit dem Thema Hochbegabung als auch mit dem Thema Hochsensibilität beschäftigen, zumal sie auch immer wieder Klienten haben, auf die beides zutrifft. Darüber hinaus gibt es das Phänomen des „vielbegabten Scanners" nach Barbara Sher, ein Konzept, von dem sich auch viele HSM angesprochen fühlen.

Neben der aktuell üblichen Definition von Hochbegabung über den IQ gibt es auch andere Sichten auf das Thema. So hat z. B. der polnische Arzt, Psychologe, Psychiater und Philosoph Kazimierz Dąbrowski (1902–1980) eine hohe Sensitivität und Empfindsamkeit mit hohen Begabungen in Verbindung gebracht. Mein Tipp: Wenn Sie Interesse verspüren, sich auch mit dem Thema Hochbegabung auseinanderzusetzen, gehen Sie diesem Gespür nach. Sollten Sie hochbegabt sein oder Teilhochbegabungen haben, wird Ihnen die Erkenntnis genauso dabei helfen, sich auf Ihre Stärken zu besinnen, wie die konstruktive Auseinandersetzung mit der Hochsensibilität.

HSM als „Grenzwertsensoren"

Machen wir uns nichts vor: Was bei HSM kurzfristig zum Problem werden kann, betrifft mittelfristig auch Menschen, die nicht hochsensibel sind. Arbeitsbedingungen wirken sich auf alle Menschen aus – auf die einen früher, auf die anderen später. Betrachtet man ungünstige Arbeitsbedingungen wirtschaftlich, so schaden sich Unternehmen durch die hartnäckige Missachtung von Erkenntnissen aus der Stress- und Gesundheitsforschung selbst. Der Produktivitäts- und Wissensverlust durch innere Kündigung, Konzentrationsmangel, Konflikte, Erschöpfungszustände und krankheitsbedingte Ausfälle ist erheblich und kommt lediglich der Gesundheits-, Pharma- und Pflegebranche zugute.

Betrachten wir das Phänomen Hochsensibilität aus dieser Perspektive, so sind HSM letztendlich natürliche Präventions-Förderer. Sie zeigen die Grenzwerte auf und sind wie feine Sensoren für drohende „gesundheitliche Katastrophen".

HSM als Wettbewerbsvorteil

Für Unternehmen gibt es drei Möglichkeiten, sich mit Hochsensibilität auseinanderzusetzen: gar nicht, schwächenorientiert oder ressourcenbasiert. Die ersten beiden Möglichkeiten halte ich für grob fahrlässig.

Meine Empfehlung an Unternehmen ist die ressourcenbasierte Sicht auf Hochsensibilität. Denn hochsensible Menschen geben natürlicherweise Impulse in die Wirtschaft, die leistungsorientiert sind sowie für ein besseres Arbeitsumfeld sorgen und zu einer höheren Produktivität beitragen können.

Auch die Wissenschaft beleuchtet diesen Aspekt. Patrice Wyrsch, Doktorand am Institut für Organisation und Personal der Universität Bern mit Forschungsschwerpunkt

Hochsensibilität in der Arbeitswelt, hat sich in seiner Masterarbeit die Frage gestellt, inwieweit Hochsensibilität als Quelle eines langfristigen Wettbewerbsvorteils fungieren kann. Das Ergebnis zeigt, dass der Nutzen der Hochsensibilität für Unternehmen in kognitiven sowie personalen und interpersonalen Fähigkeiten liegt, wohingegen die Kosten bisher überwiegend mit einer reduzierten Widerstandsfähigkeit von HSM verbunden sind. Ob HSM ihre Ressourcen in die Wirtschaft einbringen können, hängt nach Ansicht Wyrschs von persönlichen und organisationalen Bedingungen ab, die die Unternehmen mit bewusstseins- und werteorientierten Ansätzen verbessern können. Der Clou: Es handelt sich um Maßnahmen, die sich auf alle Mitarbeiter positiv auswirken, nicht nur auf diejenigen, die hochsensibel sind.

Wyrsch formuliert folgende Impulse für Unternehmen:

- Ein Management der Diversität im Bereich der Neurosensitivität ist nötig.
- HSM können als Katalysatoren für prosoziales Verhalten und proaktiven Wandel gelten.
- HSM verfügen über ein veränderlich-schwankendes (volatiles), aber hohes Potenzial.
- Differenzierte Personalmanagement-Architekturen sind notwendig.

Hochsensibilität könne nach Wyrsch besonders dann wertvoll für eine Organisation sein, wenn HSM unterstützt werden. Daraus ergäbe sich ein Potenzial, das als Quelle eines langfristigen Wettbewerbsvorteils gelten könne. Ergänzen möchte ich Folgendes: Es geht nicht nur darum, was Unternehmen tun können. Auch HSM selbst können durch eine stärkenorientierte Auseinandersetzung mit sich selbst dazu beitragen, ihre Fähigkeiten gezielt und zum Vorteil aller einzubringen, und so zeigen, was in ihnen steckt.

Menschliche Arbeitswelten

Im Arbeitsalltag sind Einzelbüros oft keine Lösung, entweder weil sie nicht zur Verfügung stehen oder weil Einzelbüros für bestimmte Mitarbeiter im Kollegenkreis als Bevorzugung wahrgenommen werden könnten. Was also tun? Einerseits sind die klassischen Großraumbüros gesundheitsschädlich, andererseits lassen sich mittlere und große Büroflächen in vielen Unternehmen aufgrund der Gegebenheiten des Standortes nicht vermeiden. Auf der Suche nach Ideen habe ich mich an ein Unternehmen erinnert, das schon vor zehn Jahren auf der CallCenterWorld Bürowelten für Servicecenter ausgestellt hat: HCD Human CallCenter Design denkt und konzipiert Büros anders und setzt dem Trend von Arbeitswelten, die nach dem Aspekt der „Flächeneffizienz" umgesetzt werden, eigene Ideen entgegen. Ich nahm direkt Kontakt auf.

Sandra Stüve, Geschäftsführerin von HCD: *Ich habe in 20 Jahren Raumgestaltung vieles erlebt. Aktuell werden in den ersten Unternehmen die großen, offenen Arbeitswelten wieder hinterfragt. Weil sie so, wie* *sie umgesetzt worden sind, den Mitarbeitern nicht guttun und somit auch die Produktivität sowie die Ergebnisse der Unternehmen negativ beeinflussen. Facility Manager versuchen immer, Quadratmeter einzusparen. Daraus entstehen dann Workplace Strategies, die nicht mehr den Menschen und die Arbeit im Blick haben, sondern die reine Quadratmeterzahl. Das kann nicht funktionieren. Das produziert Unzufriedenheit und krankheitsbedingte Fehlzeiten – die auf Dauer größere wirtschaftliche Belastung für ein Unternehmen. Wir zeigen mit unserer Arbeit, dass es möglich ist, auch im Open Space Arbeitswelten zu schaffen, die die Bedürfnisse der Mitarbeiter erfüllen. Sie unterstützen den Menschen bei der Arbeit. Unsere Philosophie des Private Place schafft einen Arbeitsplatz im Großraum, der Konzentration, Kommunikation im Team und Zusammenarbeit gleichermaßen erlaubt. Das heißt: einen Identifikationspunkt für den Mitarbeiter. Bevor wir ein Büro planen, führen wir mit den Mitarbeitern unseres Kunden Workshops durch, denn die Mitarbeiter wissen genau, was sie brauchen, um gut arbeiten zu können. Wer ernst genommen wird und mitgestalten kann, fühlt sich auch wohl. Und die Planung hört nicht beim Arbeitsplatz auf, sondern umfasst die gesamte Arbeitswelt und wirkt sich auch auf die Führung aus.*

Mein Impuls in die Wirtschaft: Arbeitswelten menschlich zu denken und zu gestalten ist kein Hexenwerk, sondern an vielen Standorten bereits erfolgreiche Realität. Nachmachen erwünscht!

Fast Reader

1. Hochsensibilität

Alle Menschen sind sensibel – die einen weniger, die anderen mehr. 15 bis 20 Prozent von ihnen sind hochsensibel, d. h., sie bringen von Natur aus eine größere Reizoffenheit und höhere Wahrnehmungsfähigkeit mit als andere. Es handelt sich dabei keineswegs um eine Krankheit, sondern um einen angeborenen, aber zugleich veränderlichen Wesenszug. Merkmale hochsensibler Menschen (HSM) sind: hohe Sensibilität der Sinne, emotionale Intensität und hohe Empathie, leichte Überreizung sowie Verarbeitungstiefe und vernetztes Denken.

Das Wissen über Hochsensibilität ist wichtig, damit die Fähigkeiten von HSM in Beruf und Arbeitswelt als wertvolle Ressource verstanden werden können:

- **Die „Erkenntnis Hochsensibilität" sorgt dafür, dass HSM mit ihren spezifischen Herausforde-**

ungen bewusst umgehen und ihre Stärken zielgerichtet nutzen können.

- *Alles, was Menschen im Arbeitsumfeld belastet, betrifft HSM schneller, z. B. sensorische (Geräusche, Gerüche, Licht, Luft), sozio-emotionale (Kommunikation und Konflikte) und kognitive (Wertekonflikte) Beeinträchtigungen.*
- *HSM sind mit ihren Fähigkeiten wertvolle Leistungsträger.*
- *HSM bringen aufgrund ihrer natürlichen Veranlagung Impulse zu Diversität, Nutzung von Begabungen, Prävention sowie einer angenehmen Atmosphäre in die Arbeitswelt ein, die nicht nur für sie selbst, sondern für alle gesund sind und so die Produktivität in Unternehmen fördern.*

2. Hochsensible Potenziale

Damit Sie als HSM Ihre Potenziale leben und Ihre persönlichen Ressourcen nutzen können, ist es wichtig, dass Sie Ihre sensiblen Herausforderungen annehmen, sich Ihre Stärken bewusst machen, sie gezielt einsetzen und wissen, was Sie im Alltag stark macht.

Ein paar Impulse zu Herausforderungen, Stärken und Starkmachern:

30

- *Hören Sie auf, damit zu hadern, dass Sie in lauten Umgebungen ohne Rückzugsräume nicht gut arbeiten können. Suchen Sie stattdessen nach Lösungen für fokussiertes und konzentriertes Arbeiten.*
- *Machen Sie sich bewusst, mit welchen Ihrer sensiblen Stärken Sie im Beruf bereits punkten und welche Stärken Sie gezielter einsetzen können. Wie sieht es aus mit Qualitätsbewusstsein, Kreativität, Empathie, Fairness, ganzheitlichem Denken, Sorgfalt, Werte- und Lösungsorientierung?*
- *Damit HSM ihr Potenzial entfalten können, sind beide Seiten gefragt. Arbeitgeber können z. B. bei den Themen Arbeitsplatzgestaltung und Pausenregelung punkten.*

3. Stärkenorientierung im Beruf

Statt uns an unseren Stärken zu orientieren, schauen wir in unserer Gesellschaft viel zu oft auf das, was nicht klappt oder was wir nicht können. Ändern Sie die Perspektive – vor allem wenn Sie hochsensibel sind –, denn Sie brauchen Herz, Verstand, Sinn und Begeisterung bei der Arbeit, um leistungsfähig zu sein.

30 *Betrachten Sie Ihren beruflichen Werdegang von Anfang an als Prozess:*
- *Wählen Sie einen Beruf, der Ihnen Freude macht und Sie interessiert.*
- *Bestimmen Sie regelmäßig den Status quo: Wo stehen Sie gerade im Leben?*
- *Folgen Sie Ihrem inneren Ruf, aber belegen Sie die Suche nach Sinn und Erfüllung in Ihrer Berufung nicht mit zu hohen Erwartungen.*

4. Hochsensibilität und Führung

Hochsensibilität und Führung bilden eine vielversprechende Verbindung. Offenheit, Kommunikation und gegenseitiges Verständnis sorgen für Wertschätzung im Umgang miteinander.

30 *Einige Impulse zu Hochsensibilität und Führung:*
- *Führungskräfte sollten bei HSM Stärken fördern und ein geeignetes Umfeld schaffen.*
- *Hochsensible Führungskräfte sind in der Lage, eine angenehme und leistungsorientierte Arbeitsatmosphäre zu schaffen.*
- *Achtsamkeit kann HSM als wertvolles Prinzip der Selbstführung dienen, weil durch die achtsame Gegenwärtigkeit und die akzeptierende, nicht wertende Haltung die Fähigkeit zur Fokussierung und Abgrenzung geschult wird.*

Die Autorin

 Kathrin Sohst ist Kommunikationsexpertin, Beraterin und Coach. Als Autorin, Botschafterin und Kongress-Initiatorin setzt sie sich für das Thema Hochsensibilität ein und unterstützt Menschen und Unternehmen dabei, stärkenorientiert zu arbeiten. Ihr Ziel ist es, Wissenschaftler, Praktiker und Hochsensible zu vernetzen und das Wissen über Hochsensibilität in Gesellschaft, Wirtschaft und Bildung allgemein bekannt zu machen. Ihr Buch *Zart im Nehmen* wurde in mehreren Ländern veröffentlicht.

Kontakt
Kathrin Sohst
sensibel | stark | anders
Danziger Str. 2c
21465 Wentorf bei Hamburg
Tel.: +49 (40) 3708 4708
Fax: +49 (40) 3708 4709
E-Mail: ks@sensibel-und-stark.de
www.sensibel-und-stark.de

Weiterführende Literatur

- Aron, Elaine N. Sind Sie hochsensibel? mvg Verlag, München, 10. Auflage 2015

- Aron, Elaine N. Sind Sie hochsensibel? Das Arbeitsbuch. mvg Verlag, München, 2014

- Dinkel, Sabine. Hochsensibel durch den Tag. Humboldt, Hannover, 2016

- Harke, Sylvia. Hochsensibel ist mehr als zartbesaitet. Verlag Via Nova, Petersberg, 2016

- Hartig, Jörg. Stress. BOD, Norderstedt, 2015

- Hensel, Ulrike. Hochsensible Menschen im Coaching. Junfermann, Paderborn, 2015

- Hensel, Ulrike. Starke Sensible. Unterschätzte Mitarbeiter. managerSeminare, Heft 219, Juni 2016. Seite 68ff.

- Löhken, Sylvia. 30 Minuten Intro, Extro oder Zentro? GABAL Verlag, Offenbach, 2016

- Panetta, Daniel. Hochsensibilität und Leadership. Springer, Wiesbaden, 2016

- Panetta, Daniel. Hochsensible Führungskräfte. Die Mediation, Quartal I/2017. S. 50f.

- Reichardt, Eliane. Hochsensibel. Südwest Verlag, München, 2016

- Sher, Barbara. Du musst dich nicht entscheiden, wenn du tausend Träume hast. dtv, München 2012

- Skarics, Dr. Marianne. Sensibel kompetent – Zart besaitet und erfolgreich im Beruf. Festland Verlag, Wien, 2. Auflage 2012

- Sohst, Kathrin. Zart im Nehmen – Wie Sensibilität zur Stärke wird. GABAL Verlag, Offenbach, 1. Auflage 2016

- Wyrsch, Patrice (2016). Sensory-processing sensitivity as a firm resource. A source of sustained competitive advantage? Masterarbeit Universität Bern: http://www.patricewyrsch.ch/forschung/masterarbeit

Register